U0150585

科 学 年 少

培养少年学科兴趣

爱因斯坦的实验

[意]里卡多·波希西奥
[意]托马索·科尔提
[意]卢卡·加洛普 著

孙阳雨 译

CTS Ｋ 湖南科学技术出版社
·长沙·

© Scienza Express edizioni, Trieste

Prima edizione in *scienza junior* ottobre 2018

Riccardo Bosisio, Tommaso Corti, Luca Galoppo

Elementare, Einstein

Copertina di Nicole Vascotto

Illustrazioni di Sara Boscacci

ISBN 978-88-96973-72-1

推荐序

北京师范大学副教授　余恒

　　很多人在学生时期会因为喜欢某位老师而爱屋及乌地喜欢上一门课，进而发现自己在某个学科上的天赋，就算后来没有从事相关专业，也会因为对相关学科的自信，与之结下不解之缘。当然，我们不能等到心仪的老师出现后再开始相关的学习，即使是最优秀的老师也无法满足所有学生的期望。大多数时候，我们需要自己去发现学习的乐趣。

　　那些看起来令人生畏的公式和术语其实也都来自于日常生活，最初的目标不过是为了解决一些实际的问题，后来才被逐渐发展为强大的工具。比如，圆周率可以帮助我们计算圆的面积和周长，而微积分则可以处理更为复杂的曲线的面积。再如，用橡皮筋做弹弓可以把小石子弹射到很远的地方，如果用星球的引力做弹弓，甚至可以让巨大的飞船轻松地飞出太阳系。那些看起来高深的知识其实可以和我们的生活息息相关，也可以很有趣。

　　"科学年少"丛书就是希望能以一种有趣的方式来激发你学习知识的兴趣，这些知识并不难学，只要目标有足够的吸引力，你总能找到办法去克服种种困难。就好像喜欢游戏的孩子总会想尽办法破解手机或者电脑密码。不过，学习知识的过程并不总是快乐的，不像游戏中那样能获得快速及时的反馈。学习本身就像耕种一样，只有长期的付出才能获得回报。你会遇到困难障碍，感受到沮丧挫败，甚至开始怀疑自己，但只要你鼓起勇气，凝聚心神，耐心分析所有的条件和线索，答案终将显现，你会恍然大悟，原来结果是如此清晰自然。正是这个过程让你成长、自信，并获得改变世界的力量。所以，我们要有坚定的信念，就像相信种子会发芽，树木会结果一样，相信知识会让我们拥有更自由美好的生活。在你体会到获取知识的乐趣之后，学习就能变成一个自发探索、不断成长的过程，而不再是如坐针毡的痛苦煎熬。

曾经，伽莫夫的《物理世界奇遇记》、别莱利曼的《趣味物理学》、加德纳的《啊哈，灵机一动》等经典科普作品为几代人打开了理科学习的大门。无论你是为了在遇到困难时增强信心，还是在学有余力时扩展视野，抑或只是想在紧张疲劳时放松心情，这些亲切有趣的作品都不会令人失望。虽然今天的社会环境已经发生了很大的变化，但支撑现代文明的科学基石仍然十分坚实，建立在这些基础知识之上的经典作品仍有重读的价值，只是这类科普图书品种太少，远远无法满足年轻学子旺盛的求知欲。我们需要更多更好的故事，帮助你们适应时代的变化，迎接全新的挑战。未来的经典也许会在新出版的作品中产生。

希望这套"科学年少"丛书带来的作品能够帮助你们领略知识的奥秘与乐趣。让你们在求学的艰难路途中看到更多彩的风景，获得更开阔的眼界，在浩瀚学海中坚定地走向未来。

　　　　　　　　　　　　　　爱因斯坦的实验

目　录

第一章　两条神秘的信息

"哎呀，不要啊！"

我不知道你是否也有过这样的经历：清晨一觉醒来以为今天是星期四，然后过了一会儿才如释重负地发现其实是星期天。星期天的话就不用上学啦。你明白那一刻的感受吗？那是一种纯粹的愉悦。然后伴随着被解放的这种极度的快乐，我们会发出一声响亮的"啊——"，接着长长地叹一口气，把我们被焦虑憋坏的空气全部抛出体外。是不是这样？

这种情况下，贾科莫说的却是"哎呀，不要啊"。没错，因为不幸的是，那一天对贾科莫来说情况完全相反。他睁开眼睛，还沉浸在夜晚梦境的回想中，正打算提前品味即将开始的星期天的味道——至少他是这么认为的。这时他听到了不容置疑的声音："贾科莫，快起来！到时间了！快点儿！"

母亲的喊声足以让他从睡梦中回到现实：今天是 11 月 6 日，星期四。所以真是星期四的话，即将开始的就是一个普通的上学日。令贾科莫更加灰心的还有当空照的太阳和晴朗无比的天空，就是那种在 11 月会让亮度加倍的艳阳和蓝天。

"哎呀，不要啊！"

贾科莫感到一种不愉快的感觉：你认为是现实的东西，突然摇身一变，变成了梦！简直难以忍受。

但此时贾科莫并不知道这个星期四将有一场翻天覆地的冒险即将开始。

"哎呀——"他仍然这么想着——不，他也说出了口，一如既往地满嘴抱怨。

他一边抱怨着一边重复着每天的日常，也让人能理解：他拖着脚步，肩膀蜷缩着，因为这个时间太早了，身体还无法支撑住肩膀；然后他走去厨房吃早餐，却总是咽不下去。每次他都要等到课间休息的时候才会乖乖接受食物。接着他匆匆忙忙地穿上衣服，背上书包，然后冲出家门直奔学校。所幸平时总跟他在一起的那些同班同学，也就是他的那群小伙伴，正在大厅里等着他。贾科莫与他们，或者说与他们中的一些人，有着很多的共同点。

8点整，第一声上课铃响起，催促着学生们快点进教室。于是学生们拖着几乎是难以移动的双腿，条件反射一般地向教室挪动。贾科莫也一步一步地，在11月的那个星期四，把自己挪进了教室。

像往常一样，卡米拉和其他完美主义者一族早就已经进入了2A班教室里，用各种可以称得上是超前卫文具的东西布置好了自己的桌子。右边最后几张课桌，也就是靠近大窗户的那几张，彼得罗、托马索和塞巴斯蒂亚诺正在讨论学校足球锦标赛参赛队伍的话题。加布里埃莱也到了，他在进入自己的小组之前，总是

　　　　　　　　　　　爱因斯坦的实验

喜欢打开电脑，在黑板上用投影放出一张幻灯片，上面写着当天的年月日以及各种特殊纪念日。弗朗切斯科则会在加布里埃莱做完幻灯片之后，在上面加上当天的生日问候，所有她认识的人的生日都系统地记录在她的智能手机通讯录上。

那天早上也像那一个学年的每个清晨一样，整个班级就像拼图一样排列整齐。每个人都有自己的位置，每个小组都有自己的位置。只有少数一些人还在寻找着自己的座位。

"这是什么东西？"萨拉忽然喊道，声音比平时高了一个不少。

"一把勺子！不，或者说是一把大勺子！一把巨大的勺子！"

卡米拉自然而然地抓起了那个奇怪的物体，似乎是谁把它忘在讲台上了。她有些笨拙地挥舞着这把勺子，就好像是在惊恐中和吐火的恶龙战斗似的。

在她身边先是有 3 个人围了上来，然后马上变成 5 个，11 个……总之，几秒钟之内全班都围上来了，都在仔细打量着这把神秘的勺子：它是由抛光钢制成的，要不是因为超大的个头，它看起来就和一把普通的勺子别无二致。卡米拉将它重新放回讲台上，可以看到它和讲台一样长，勺子凹进去的部分大得可以放下一个足球。

"你躲开点儿，我看不见了。"宝拉对彼得罗喊道，彼得罗比她高，挡住她视线了。宝拉对自然充满好奇心，必须耐心等待而不能马上着手研究未知的理论对她来说是一种折磨。她曾经在考试中让数学老师惊讶万分，因为她解决问题的思路独树一帜，而且在其他教学活动中也能做到将创造性与科学严谨性完美结合。

"也让我看看！"托马索也说话了，盖过了其他人的声音。他已经开始变声了，听起来特别有趣，低沉的嗓音里时而夹杂着破音。

"不，先让我看。她是我朋友。"萨拉接着说，每次一有足以在整个校内流传的新闻时，总少不了她的身影。

与此同时，有的人只是单纯客观地提出疑惑，想要知道这把奇怪的勺子从哪里来。这个物体本身就让人匪夷所思，那它的来源肯定也值得探究一番。

"应该是什么人忘在这儿了。"萨拉幽幽地说。

"对，没错。波吕斐摩斯[1]肯定来过这儿。"塞巴斯蒂亚诺略带讽刺地评论道，他喜欢随机给路人"插一杠"。

总是迟到的安德烈亚这次则因这一意外发现而双眼放光。他到处问别人发生什么了，但这时候所有人都没时间给他解惑。所有人都在试图分析这把巨大的勺子。不过混乱只持续了几分钟，因为饱读侦探小说、对调查方法训练有素的弗朗切斯科发现在勺

---

1 希腊神话中的独眼巨人。——译者注

柄的末端潦草地刻着两个字母，一个看起来是 U，一个是 P。

弗朗切斯科拿起大勺子仔细端详。"是的，应该不会错。"上面写着一个 U、一个点、一个 P 再加一个点："U.P."。

这时，拉皮埃尔老师打破了众人们的喧闹。拉皮埃尔老师是他们的数学老师，踩着上课铃准时进入了教室。然后大家纷纷径直走向自己的座位，卡米拉也迅速地将勺子放在讲台上，回到自己的椅子上坐好。拉皮埃尔老师进入教室的时候，大家最好这样做。教室里逐渐安静下来，然后大家听到金属撞击课桌表面的"当"的一声。

同学们其实很难控制住自己，他们非常清楚这件事情完全可以跟老师讲，但在此之前一定要在秩序严谨的氛围中向老师表示一个严肃的问候。他们认识拉皮埃尔老师已经有一年零两个月了，知道在什么情况下他会真的发火。就这样，拉皮埃尔老师什么也没说，课堂就安静下来了，然后学生们异口同声地说了一声"早上好"。不过紧接着这声问候，萨拉的话语就如雪崩一般落下。

"一把巨大的勺子……我们不知道是谁放在讲台上……在此之前，我们刚刚进入教室，我们这几个女生……"

"嗨，冷静点儿！"老师本着他对秩序的苛求打断了她，但同时也被这个奇怪的勺子引起了好奇心。于是宝拉负责总结了现在的情况，然后提出了第一条猜想——她已经忍了太久了。她的叙述干净利落，还原了他们在讲台上找到这个奇怪物体的整个过程。萨拉则感觉受到了冒犯，哼了一声，双手交叉抱着腰，显然因为她那神圣的叙述者角色被抢走而生闷气。

"我想加一句，要想捋清来龙去脉，我们至少得考虑以下三个可能性：一是这个东西是一个教具，二是谁落在这里的，三是有人故意放在这里的。如果是第三个假设的话，那么把这个东西放在这里的神秘人士一定是想向我们传达什么信息。"

"你讲太快了！也别太夸张了，孩子们。我们静下心来，慢慢来，别太过草率地提出荒谬的理论。我会去问问秘书处或教务处。不过肯定没有什么所谓的神秘人士，"拉皮埃尔老师说着，字句清晰，"没有神秘人士想要和我们传达信息。包括外星人。所以我们先别管这件事儿了。需要你们关注的东西我这里有一箩筐呢，现在掏出笔记本。"

拉皮埃尔老师从来不放过一分一秒。他总是关心自己的学生是否有所准备，而且在解释数学问题方面他从来都无人能敌。不过现在同学们都感到十分惊讶。他为什么不马上派人去教务处问个究竟呢？拉皮埃尔老师在这种情况下面对如此震惊的消息怎么能保持住冷静呢？

还没等学生们来得及采取什么行动，他们就马上注意到有别的大事要发生。拉皮埃尔老师正要打开点名册，然后所有学生都看到他的眉毛越皱越紧，额头上深深的几道皱纹甚至以鼻子为顶

　　　　　　　　爱因斯坦的实验

点拱成了一个 V 形。显然就连老师也被惊到了。他注意到了什么。这时这间教室里沉默笼罩了所有人。

要是有一个能感知到内心声音的扩音器的话，你会听到现在 2A 班这 17 个学生正在发出成千上万种声音，有思绪，有细微的尖叫，有"哦"，有"啊"，有"嘛"，甚至还有"哇"。没有谁的内心是沉默的：有人在寻找答案，有人在努力想要搞清楚老师到底看到了什么；有人在想象聊天群里可以写些什么评论；有人在忙着将这个消息通知给好朋友，还有人，比如安德烈亚，在盘算着用这么一条惊人的消息能够吸引来多少女孩子的目光。

大概是因为这个神奇的东西吸引力实在太过强大，就连老师也被拖进了里面。拉皮埃尔毕竟是一位饱含热情的学者，怎么可能不去解答隐藏着的问题呢。就在那里，就在他眼皮底下，放着一个百分百的谜题。这是这些学生跟他开的玩笑吗？他仔细忖度这个，以便在有所行动之前能够确信无疑地将其解开，不过很快就投降了。他认识 2A 班每一名学生：他和他们走到一起，教导他们，关注他们的成长。没有人会反抗他。拉皮埃尔老师也十分清楚，这些学生已经学会按准则行事。有些规则他们一定要遵循。

在笼罩教室的沉默中，拉皮埃尔老师慢慢地举起一张不知是谁悄悄塞进点名册的纸条。他克制着自己的动作，虽然手还是（背叛了他的情感）极其轻微地颤抖了一下，然后向全班展示了这张纸的内容。

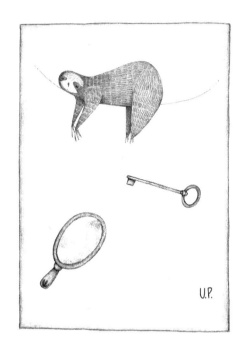

"这又是什么？"安德烈亚代表全班问道。

"一只树獭，这你都看不出来……"塞巴斯蒂亚诺表达了自己的意见。

"一把钥匙，一面镜子和一只树獭？再加上一把巨大的勺子。这些有什么意义呢？"萨拉提出了自己的疑问。

"上面什么都没写吗？只有图画和两个字母？"基娅拉疑惑地问道。

"老师，都已经这样了，你应该同意我们刚才说的，这是有谁想要给我们传达什么信息了吧。刚才提出的第三种假设是对的。现在我们可以肯定这一点了。至少我对此毫不怀疑。然后

　　　　　　　　　　　爱因斯坦的实验

U.P. 就是那位我们谁都不认识的神秘人士的签名。"宝拉整理了信息，同时体会到一种满足感，那种当事情顺着我们最深层的愿望发展时带来的满足感。

一个巨大的谜题等待所有人去解答。

这是一个专为 2A 班学生准备的神秘事件，一个 11 月份的星期四不可能比这更好了，这个星期四本来看起来就像任何一个星期四一样，结果它却和以往任何一个星期四都毫不相同。

这是一个十分晦涩的问题，在大家心中激起了一丝恐惧，但这恐惧又和愉悦掺杂在一起，分辨不清。让人直起鸡皮疙瘩。

拉皮埃尔很难相信这些信息的背后真的是有谁在故意操纵着。他骄傲地仔细观察了他的每一名学生，然后任由他们的好奇心传染给自己。为什么不能参与到游戏中呢，每个正在思考的人都可以参与不是吗？为什么不借这个神秘事件的机会和所有人一起开动脑筋呢？

"我得承认你说的有道理，宝拉。我们到现在为止的发现已经不可能是巧合了。"

说到这里，教室又陷入了几秒钟的沉默。拉皮埃尔用左手捋了捋胡子，所有人的目光都集中在他一个人身上。

"加油孩子们，我们来展开调查吧。"

这正如 17 名学生所想的那样。塞巴斯蒂亚诺自告奋勇要负责研究树懒。卡米拉以自己是独一无二的第一个拿起勺子的先行者为骄傲，她提出要和自己的小组研究巨大勺子的意义。贾科莫在家里偷偷管理着一个小实验室，他从来没有勇气向任何人提起过，而且直到那一瞬间他还觉得这件事和学校没有任何关系，仿佛是一个别的世界，但现在他已经开始着手准备草稿、制订计划，准备找出勺子、钥匙、镜子和树獭之间的关联。加布里埃莱是班里的"数学家"，他正在试图计算大勺子的容积，想要看看这个值是否能派上用场，或者至少有什么意义。萨拉和她同桌的几个好朋友正在讨论到底要扩散信息还是严格保密，她们做笔记记录着各种猜想。爱丽莎在拍照，目前她只有手机，但十分严谨地不放过任何一个特殊的细节。安德烈亚则是陷入了一个想象世界，在想象中的足球场里他正在用勺子踢球，纯属幻想。

拉皮埃尔老师用温和愉悦的目光注视着这些孩子们。时间飞一般地流逝，过了一会儿，这些年轻的、好奇的、兴奋的头脑迸发出了第一批火光，拉皮埃尔试图为他们整理出一些头绪。不过，谁也没能从大勺子、钥匙、镜子和树獭之间找到什么关联。谁也没能找到教室被入侵的痕迹，也没能从这个神秘的信息发布人的名字中看出什么名堂。一点线索也没有。于是老师提议将这些找到的东西暂时收进教室的储物柜中，将讨论和猜想留到第二天，并且让所有人对此保守秘密——"所有人"，他又强调了一遍，看向某些女生的方向，这几个人回答的声音越来越弱，然后垂下目光躲开老师的视线。在让这种消息扩散到整个学校之前最好留出充裕的时间，因为这很有可能酿出什么荒唐的事件。

那天早上余下的时间是以一种非常欠缺激情的节奏度过的。每一分钟都像一个小时那样难熬，德语小测验更是在所有人看来都难度加倍了。大家都知道，当内心被某些惊天大事占据时，留给其他事情的精力就不多了。德语课的老师非常重视词汇的巩固，但现在要同时翻译 100 个单词简直就是噩梦。老师为了训练自己的学生，就想准备一些盒子，里面装满语义上相关联的物体，她为此取名为"单词箱"。那天早上她带着盒子进教室，里面装的都是和海边度假有关的东西——这个老师总是有些跟不上时代。她的箱子里塞满了各式各样的物件，有的还是一些图片，用来替代那些太过笨重的东西。她花了好几年收集这些东西，现在正要炫耀这批在她看来令所有人嫉妒的收藏。有彩色塑料杯子、墨镜、晒黑霜、贝壳、一小瓶沙子、白色的小石子、被海浪磨圆的小石头，总之就是一系列要用视觉记住的名词。但此时此刻就连这些精心准备的和度假有关的物品也没能让小测验变得轻松一些。

默写的节奏咄咄逼人。

"墨镜——请翻译。"

"滚烫的沙子——请翻译。"

"三个贝壳——请翻译。"

"晒后修复霜——请翻译。"

就这样一个一个默写完了 100 个单词。

然后这个小练习终于完了。下课铃响了：午休时间到了。2A 班以从未有过的团结，交头接耳地一起来到了食堂。他们不想让学校里的其他人怀疑，但越是努力不表露出任何可疑的迹象就越显得可疑。不过尽管如此，也没有半点风声走漏出去。只有萨拉在重新整理回忆的时候，不知怎么地悄声蹦出了一句："如果我没说话，要么是因为我什么都不知道，要么是因为我知道的东西不能说。"

幸好安德烈亚及时吸引了在场人的注意力，给大家讲述他那些并不出人意料的新发现，有些人还会羡慕他的幽默感和模仿能力。大家都看出他在那个星期四被一把勺子迷住了。他往吃饭的勺子上面吹了吹气，可能只是为了烘托一下氛围，然后摆出不可思议的鬼脸，把脸往勺子上贴，直到鼻子碰到勺子凹进去的部分。他使劲吸着气，试图不用手就把勺子抬起来，双手张开、双臂伸展，为了表明"没有任何特殊诡计，童叟无欺"。其他人不可能对他视而不见：勺子看起来真的就像黏在他的脸上一样。

安德烈亚成功征服了所有人的注意力，有人大笑，有人则开始模仿他。

总之搞笑的安德烈亚正在大放异彩，刚才勉强支撑住的勺子就从他的鼻子上掉了下来，回到了他的手中。他看了看勺子，冲它大吼，就好像勺子是个什么人物一样，然后又瞬间改变了语气。

"哦天哪……我的头为什么倒过来了！谁把我的头转过来了？"

的确，勺子中反射出来的他的形象是上下颠倒的！

在一声声惊呼中，安德烈亚扭动着身子，试图将自己的画面正过来，然后又赢得了阵阵笑声，不过不管怎么尝试，他的形象在勺子中依旧是倒转的，就像别人说的"腿朝天的安德烈亚"那样。

手握勺子这已经是第几次了？低头看向勺子，看勺子里的画面又是第几次了？很明显已经无数回了。然而直到现在他才意识到这个现象是有多么奇怪。

"我觉得是有人让我神魂颠倒。"他最后加了这么一句，转动眼珠看向安娜的方向。安娜的脸瞬间涨得通红，低下了头。

这一幕实在太好笑了。几名巡逻的老师喊了几嗓子才稍微平息了一些叫喊声和总体的笑声。笑声还是接连不断，一波未平一波又起。在这样一种环境中，要想让别人听见自己的声音，就不得不再抬高些嗓音才行。整个场景就像是有人把食堂大厅的音量旋钮猛地沿顺时针转动了一样。

但与此同时，加布里埃莱、贾科莫和塞巴斯蒂亚诺的那一桌却在悄悄交谈着。安娜、卢克雷齐娅、宝拉、基娅拉和妮科尔的那一桌也是如此。整个 2A 班都停止了笑声，就像传递着什么秘密一样，至少在其他学生眼里是这样，他们终究没有放过这个反常的情况。

"头朝下……勺子……树懒，树懒也是头朝下的……这是不是就是联系？或者说不是联系，而是关键（钥匙）！"

"直觉非常准确！"萨拉飞奔出去找拉皮埃尔老师，然后在一层的走廊中碰到了他。她开门见山，太过在意说的内容以至于都没控制好声音，所有音节听起来都是同一声调的，哒哒、哒哒，就像是一把发射音节的机关枪。萨拉就这样事无巨细地将刚才发生的经过都讲了一遍，老师一直认真听着。他是少数几个能够容忍这个学生不由自主地将焦虑情绪附着在词语上这个习惯的人。老师对萨拉道了谢，用的是平常表示信任的语气，瞬间安抚了萨拉狂躁的精神漩涡。

"这几天轮到我的课的时候我们再慢慢讨论，萨拉。"

那天晚上，聊天群里炸开了锅，里面的信息不断。

但 2A 班的学生们不得不等待到第二天，希望能找出他们关心的问题的答案。

爱因斯坦的实验

镜子与勺子中反射的像

作者	欧几里得 / 阿基米德
年代	约公元前 250 年
地点	亚历山大里亚 / 锡拉库扎
概述	据说，古希腊著名的数学家和物理学家阿基米德曾经利用固定在城墙上的抛物面镜来烧毁敌舰。曲面镜自古以来也经常被用来增强海上灯塔的光线。不过我们只是单纯地想要知道，为什么我们在勺子里看到的自己的形象是颠倒的！

如果观察勺子的凹面的话，我们会发现勺子中我们的像是颠倒的。要想了解其中的原理，我们首先要简单介绍一下关于几何光学这一物理学的分支。根据几何光学的理论，光是由许多光束组成的，这些光束会沿直线传播。这是一个非常古老的理论，是由欧几里德在大约公元前 3 世纪的时候首次提出的。

几何光学中的一个基本概念是反射，也就是描述光束在传播过程中遇到反射面时会改变传播方向的现象。正是因为有了反射，我们的眼睛才能看到各种各样的物体和我们周围的环境：光击中物体后会被反射，然后到达我们的眼睛里，为我们显示物体的形状、颜色和其他特征。关于反射有以下两个物理学定律：

- 第一条定律讲述的是反射的入射光线、反射光线和垂直于反射平面的法线都处在同一平面之中。
- 第二条定律讲述的则是入射角（也就是入射光线和垂直于平面的法线之间的夹角）和反射角相等。

运用这两个定律我们就能试着解开勺子反射的谜题。一把金属勺子就是一个反射表面，也就是一种镜子。如果我们观察平面镜中反射出来的像的话，我们会发现反射出来的像是正的，而且大小和实物相等。

垂直于平面镜的光线会直接沿着入射的方向反弹。而在凹面镜中，光线则会被推向抛物面中心的方向。可以参考下图显示的例子，追踪从 P 点发出的光线。从 P 点发出的所有光线会分别被勺子的表面反射，然后在 P'点再次相遇。同样的道理，从 C 点发出的所有光线也会在 C'点上再次相遇。这时我们会发现，原本 P 点在 C 点的上方，但经过反射后，P'点却到了 C'点的下方。这样一来，被反射出来的像，也就是 P'C'，就是原来物体倒转过来而且要更小一些的像！

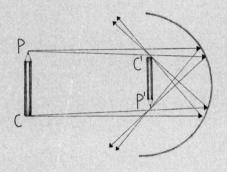

勺子的背面则是一个凸面镜，这种情况下照射在这个表面上的光会被向外发散。这时反射出来的像就会是比原来物体更小一些的正像。

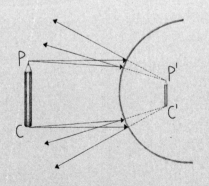

第二章 教室的黑暗点亮了智慧的明灯

星期五早上，第一声上课铃响后不到一分钟的时间里，2A班的所有同学就都飞奔到了教室的门前。这次真的是所有人，就连安德烈亚也都不可思议地准时到校了。不过这种情形只持续了一秒，众人的奔跑就都像被暂停了一样，所有人都停下脚步，呆立在那里。教室门的旁边，一道长方形的玻璃投射出了一股黑暗，似乎把前一天由各种事件掀起的活力的浪潮都阻挡住了。学生们站在这个神秘"惊喜"的面前，感到一阵恐惧，他们所在的这个半层的走廊上，只有2A班和计算机实验教室。他们周围没有其他学生或老师。

贾科莫第一个打开了门，就像第一个谜团出现时那样，现在的情况也不可思议地激发了他的好奇心，将他推入此时此景中。他感觉就像在自己的小实验室中一样，为即将开始的计划而痴迷。

所有其他人也都跟在他后面纷纷进入教室，保持着一种十分不自然的安静。展现在他们眼前的场景的确非常有意思：在没有图画和海报的墙壁上，在天花板上、地板上，甚至在浅色的桌子上，都有黑白的图像在旋转。这些图像来源于一束光线，这道光束画着大圆在缓慢地移动。

　　　　　　　　　　　爱因斯坦的实验

和图像一起出现的还有一些单词，有规律地重复着。所有人都着了魔似的看着这番景象。所有人的下巴都震惊得快掉了下来，嘴巴形成一个个圆圆的 O 形。谁都不想打破这样魔幻的一幕。

不过只可惜这个运转良好的机械系统在一瞬间让图像停止了运动，停在了原地，再也不动了，就好像故意想让它们挂在墙上一样。

"发生什么了！"

"不！"

"哎呀。"

各种感叹词纷纷蹦了出来，然后马上就不可避免地又变成了一些疑问。

"是谁呀？"

"这是什么？"

"为什么？"

安德烈亚趁这个机会和安娜对上了眼神，他将双眼眯成一条缝，暗示安娜"这是我干的"。安娜赶忙移开了目光。

这时谁也没注意到与此同时，拉皮埃尔老师也出现在了门前，正准备马上开始讲他的数学课。弗朗切斯科开始思考，每次出现神秘场景的时候老师都会现身，这到底是一个巧合还是一个值得考虑的因素。他把这一点写进了笔记本里。之后他会好好权衡一下这个想法。

这一次，为了避免所有人都同时说话，老师可是费了一大番苦功。其实对他来说管理这样一种情况也不是一件容易的事情。

他要将事情引导到有意义的地方去，要激发出创造性，要激发出学生们和他自己渴望参与进来的愿望。所以他就这样保持着教室的黑暗，让学生们仔细看清投射出来的图像。

有人愿意描述一下这些图像吗？有人分辨出什么了吗？这些看起来并不像是随意创作的图画，而是一些真正意义上的示意图。那些单词呢？有人愿意把单词抄写下来吗？关于这些信息，拉皮埃尔脑中开始形成了模糊的想法，但他更愿意学生自由想象。

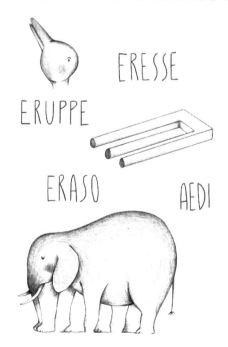

　　　　　　　　　　　　　爱因斯坦的实验

"我喜欢那只大象。"萨拉说,"不过我不明白,它到底有多少只脚?看起来也不像是个错误呀!"

"我看那只小鸭子挺可爱的。"卢克雷齐娅小声说道。她总是不善于表达自己的喜好。"哪只小鸭子?"基娅拉问。

"就是这只。"安德烈亚指着身旁的卡米拉说。卡米拉回打了他肩膀一下作为回复。

"鸭子呀,就是第一幅图。"卢克雷齐娅拉回主题。

基娅拉看到的却只是一只长着长耳朵的小兔子。哪幅画都不是鸭子,她很确定这一点。

然后宝拉似乎也和她有着一样的想法:"那么那把梳子似的东西呢?我搞不清楚它是个什么构造……先是能看到三个锯齿,然后其中一个又突然消失了……"

"我明白了,老师,这些都是视错觉。我以前就在一本杂志上看过类似的图片。"加布里埃莱兴奋地说。

"还有艺术类的书。"

"视什么觉?"塞巴斯蒂亚诺有点儿迷茫。

"视错觉。在同样一幅图中我们能看到不同的东西。你看第一幅图。我第一反应看到的是兔子,但要是集中精力将注意力放在某一特殊点上的话,这幅图就变成一只鸭子了。这就是错觉,两幅图片合二为一,取决于你怎么看。"

这时拉皮埃尔终于能开灯了。学生们你一言我一语的发言让他感触良多，所以他建议把这些东西都记在笔记本或记在一张纸上。"有的时候笔记会帮助我们理清思路。"学生们应该很快就能将想法汇总起来，然后尝试着连起线索，进行解读，最后为每一件离奇的现象都找到一个合理的解释。

不过虽然现在所有人都搞明白了这三个视错觉图片，墙上投影出来的三个单词却还是迷雾重重。他们尝试着数字母字数、按字母表顺序重新排列、划分音节，但都没成功。此外，在这些单词背后显然还有另外一个谜团：到底是谁为他们留下了这么多"惊喜"。

卢克雷齐娅性格非常内向，但可能也因此十分善于观察。她为大家指出了最后一个奇怪的地方。教室的讲台上放着一块小石头，这是一块灰色的、看起来平平无奇的石头。众人没费多少力气就明白了，并不是他们中的谁将石头放在那里的。几十只眼睛都紧盯着安德烈亚，但安德烈亚发出了"不是，不是我！"的呼喊，十分严肃与坚定，看起来很可信。讲台上的一块石头——谁知道这是否和一系列怪事有关联，还是不可思议地又有另一套故事呢？

咔咔咔，爱丽莎飞速地从各个可能的角度为每一处发现拍了相片，为她昨天才在自己电脑上新建的"谜团"文件夹增添了新的内容。

"你在想什么呢？"安娜问爱丽莎，因为这位好朋友突然眼神迷茫地望向半空。

"安娜，咱俩拍张自拍照吧。我之前拍的照片里都没有我们自己。到时候谁又能肯定我们就是整场事件的主人公呢？来吧，我们站到这几幅画前面来。"

"没我事儿吗？"萨拉说。

"来呀！是谁不重要。你没听明白这只是为了记录，而不是为了我们自我展示吗？"爱丽莎有些生气了。爱丽莎自己穿衣风格十分朴素，甚至有点像男生，所以肯定没想过外型问题。于是她没多等就按下了快门，然后出于习惯检查了照片，确保对焦无误。

爱丽莎在手机屏幕上检查照片的时候，安娜也好奇地凑上头来看，然后就在两人看到照片的那一瞬间，她们同时自发地、抑制不住地喊了一声"不会吧——"。太难以置信了，就在她们眼前，谜题的一个小角被揭开了。不过说的倒不是照片角落上的安德烈亚的脸，他在最后一刻成功闯进了镜头。她们发现的是，照片中能清晰地辨别出四个单词，和她们之前直接看到的投影在墙上的单词全然不同，因为在照片中这些单词在自拍中上下颠倒，而且被镜像翻转了。

现在这些单词不再是无意义的"ERASO ERESSE ERUPPE AEDI"，而是有着清晰含义的四个意大利语单词"OSARE ESSERE EPPURE IDEA"（敢于、存在、然而、想法）。一切都变得不同了！

两个好朋友正要大声向其他人宣布这个发现，这时却意识到弗朗切斯科正在和一群竖着耳朵倾听的同学讲解同样的现象。弗朗切斯科从不大声讲话，也从来不会竭力争取话语权。他的发言能自然地吸引人们的注意。弗朗切斯科热爱阅读，所以深谙解决案件的要素，之前一直默默地在笔记本上写写画画，将那四个单词用各种形式展现出来，然后当他试着竖着逐字抄写的时候，谜底自然而然地就浮出水面了。

真是殊途同归，大家都解决了这个谜团。

可是与此同时众人的困惑不减反增：这四个单词需要按特定顺序排列组合，还是只是有提示作用的关键词？拉皮埃尔老师这时发表观点，说这几个单词每个单独看起来都很美好。他提示学生，甚至就连"EPPURE"（然而）都有自己的力度，带来一种意外感。其他三个单词"ESSERE"（存在）、"IDEA"（想法）和意义最明显的、他最喜欢的"OSARE"（敢于）也都有独特的吸引力。他觉得或许就应该这样分开来看，每次只看一个单词。

到了现在这个阶段，大家认为应该将事件汇总一下，然后试着初步构建出一个猜想，尝试解读这个神秘人士想要传达给他们的讯息。

学生们手拿各种各样的笔记本，开始分享每个人至此的想法。

一把巨大的勺子，四张图片："关键词"要按镜像、上下翻转的方式解读。勺子的效果也是这样的，会将映出的镜像画面上下颠倒过来，就像安德烈亚前一天在食堂看到的那样。

然后还有视错觉和单词，每个都有双重含义。

然后众人展开了十分有趣的讨论，拉皮埃尔老师作为置身事外的观察者十分有分寸地指导着讨论的方向。

或许这位神秘的作者是在邀请众人以不同寻常的方式观察事物。

或许是在邀请他们改变视角。

或许想要告诉他们看到的东西取决于观察的地点和方式。

如果真是这样的话，那他们要观察的东西在哪里呢？

"应该还有后续才对。"宝拉提议说。所有人都同意这一观点。

得给这个发布人建立一个容貌拼图。

另外这两个到处都有的字母意味着什么呢？大家认为这是一个什么单词的缩写，一种签名，这种想法也有很好的理论根据：两个字母位于图像的下方边角位置，每个字母后面都有一个句点。然后弗朗切斯科在看起来十分睿智但又很符合他气质地沉默了好长一段时间之后，举起了手。他字句清晰地阐述道："如果这种情况就像是《无人生还》[1]那样呢？"然后他停顿了一会儿，想

1　著名英国推理小说作家阿加莎·克里斯蒂的作品，又称作《十个小印第安人》。——译者注

让所有人听清每一个音节，"小说中的凶手总会在信息后面留下'U.N.O.'的奇怪签名。我们的这位神秘人士可能也在效仿这个做法。"

"U.P."或许只是名和姓的首字母？学生们马上就将学校中的所有成年人排除了，因为没有人的姓名符合这个缩写，都不是 U和 P 的组合，包括所有教师、教职工和短期员工。索菲亚发现校长佩拉马蒂其实有一个首字母 P 是对应的。不过这个想法马上就被众人异口同声地否决了，因为校长绝对不是这类人。再加上校长平常十分繁忙，有好多比出谜题更重要的事情要解决。

不过少年侦探们还是一致同意并重申了以下观点：神秘人士用这个缩写作为自己身份的识别，在每条信息之后都会留下这两个字母，所以这两个字母肯定是神秘人士的签名。

但这两个后面带点的名字到底是什么仍旧疑雾重重。2A 班的学生们还得再耐心等待更多线索浮出水面。

不过接下来的一整周都没有再发生些什么。每一天都似乎退回到了过去那种无聊又平凡的日常中，尽管实际上学生们活跃的思维还在继续思索着已知信息，尝试从场景中的每个因素出发重新解析，希望找到一些独特之处。

同学们真是不知疲倦！

第三章　在列车中前进却又停在原地

星期四似乎变成了每周最独特的一天。11 月 13 日早上 8 点 30 分，事件发生后整整过去了一周，就在数学课进行到一半的时候，校工安东尼奥敲开了 2A 班的门。安东尼奥六十多岁，性格十分独特，行为举止像个贵族一样，但面部表情又总是十分放松，眼神永远给人平静的感觉，所以学生们平时遇到他经常停下来与他闲谈。

他此时手中拿着一个标准大小的黄色信封，其中一边有一条不干胶。信封的封面上用规整的字体写着收件人姓名：2A 班的全体同学。安东尼奥将信封交给了拉皮埃尔老师，拉皮埃尔和教室里的学生一样感到非常意外，他接过信封，拿着前后左右地翻着看了看，就好像是要找到什么其他线索似的，然后将信封放在了讲台上。

"没别的了吗？"拉皮埃尔老师满怀希望地问校工。

"没有了，老师，只收到了这一件。"

"寄信的人呢？"

"抱歉，信封出现在了校工办公室的桌子上，没有其他信息了。有时的确会发生这种情况。我的任务就是送信而已。要还有别的信封或是包裹的话我会再送过来的。"

"拆开吧，老师！现在就拆吧！"

"把信封打开吧，我求您了！"

拉皮埃尔拿着信封但不急着拆，反而请安德烈亚上前先查看里面的内容然后再向大家展示。

"我来了，朋友们。"安德烈亚念出了这句开场白，随后带着十足的仪式感宣布："现在我要拆开信封，然后……喔噢噢哦哦。"他开始用恼人的缓慢速度撕开信封的一角。不过别的人现在可没有心思陪他玩游戏。

"快打开！"大家大声催促着安德烈亚。

然后他终于拆开了信封，从中拿出了一张纸。

纸上印着挺长的一段文字，还配了几幅小图片。

安德烈亚开始朗读纸上的内容。

你们正在一辆完全安静、无振动且无限长的火车上，火车的行驶轨道呈直线，没有任何弯道、上坡道或下坡道。此时列车正停在车站，你们要在列车上等上数个小时。因此你们为了消磨时间就去探索其他车厢，一会儿坐在这里一会儿坐在那里，玩一玩游戏，跑一跑跳一跳，任凭你们喜欢。夜幕降临之后，所有车窗和车门都自动关闭，所以你们决定回到自己的卧铺车厢睡觉。

夜间，列车长可以决定这趟车到底是继续停留在车站还是启程并保持着恒定的行驶速度。当然，你们并没有被提前告知列车

　　　　　　　　爱因斯坦的实验

长所做的决定。

第二天早上当你们醒来，发现车窗和车门还是关闭的状态。所以你们又开始探索邻近的车厢。在过道中，遇到你们的一名旅客向你们抛出了一个看似十分简单的问题："抱歉，请问我们现在是停在了原地还是在前进呢？"

答案显而易见呢？

还是没那么容易？

你们会怎么说？你们知道如何回答吗？

如果你们觉得可以解决这个问题的话，如果你们喜欢挑战的话，如果你们在难题面前能够开阔思路的话，就将你们的回答写下来，钉在告示栏上吧！

下次再见。

U. P.

"物理！数学和物理！我们正掉进新的物理问题当中！想想之前我们是从大勺子和树獭开始的！我还想听更多关于动物的事情呢！"塞巴斯蒂亚诺有些失望地抱怨说。

"我已经在脑子里呈现出电影来了：这是一场问答游戏比拼，就像那种电视上播的有奖竞猜节目。比如他们会在你不知情的情况下跟拍你，然后选你上《老大哥》[1]。"弗朗切斯科说，她这方面的知识非常丰富。

加布里埃莱对一切世界上的奇妙问题和运作原理都很痴迷，自然也忍不住发表他的意见。他好奇心强，甚至去了这附近的高中，听了一堂关于黑洞的讲座。不过这种好奇心自然也是他的老师日复一日培养出来的。

"我绝对不会直接下定论，也不想说这就是物理问题。这次的难题我觉得比以前复杂。"

与此同时，拉皮埃尔老师正觉得这么好的一个机会来得太快，让人难以置信。几秒钟之内，同学们的头脑风暴就清扫了一切的"但是"。不管 U. P. 是谁，这个不同寻常的神秘游戏都值得同学们去参与挑战。

为了更好地继续讨论，拉皮埃尔老师将课桌摆成一圈，并叫人将这封信拿去复印，以便让同学们人手一份。

1　意大利的一档经典真人秀节目。——译者注

"太简单了，判断我们是不是在移动只要听声音就行了。"妮科尔说。

"噗噗！"安德烈亚嘲笑了她。他发出的这两声就像是在催促其他同学也嘲笑她，而且同学们果然没让他失望。"别逗了……'完全安静'，这儿写着呢。"

"那或者是这样：假如我感到了转弯时的路线改变的话……那就说明我们是在运动着的呗。"萨拉又开始像往常一样强硬地插话。

"轨道是笔直的。"加布里埃莱立即反驳道，他很受不了总有人一定要把自己的想法说出来。

"我来！我来！我能不能也说句话？能让我说话吗？火车减速或加速瞬间我们就能马上确知我们是在运动中的。"卡米拉这样说。

"这么说也不行。信上说运动速度是恒定的！"卢克雷齐娅十分平静地接住了这个，甚至都没抬眼看一下别人，不过与此同时她的一只手正在急躁地摆弄着毛衣的领口。

"对不起同学们，我也插一句。我想请大家稍微停一下。目前为止我听到的所有猜想中有三个其实是十分有意义的观察点，尽管都被合理地反驳了。刹车、加速和转弯都是物体运动的有效证据。可是挑战我们的这位却让我们身处一个极其特殊的情境之下，这一点这个人十分明确地表达出来了。这个人已经假设我们不能选择之前的那些答案，而是希望我们寻找其他途径。"

班上沉默了一会儿之后，新的一轮讨论又开始了，而且比之前还要热烈。

宝拉似乎在刻意保持旁观者的姿态，不参与同学的讨论，就连之前的阵阵哄笑都没能感染到她。她正在思考，她近乎静止的目光、犀利的眼神和若隐若现的微笑揭示了这一点。她这时开口说："老师，或许我们可以往空中扔一个球，最好是像乒乓球那种。如果球没能直着落入我的手中，就说明我们正在运动。"

"这个想法很好，宝拉，非常细致的答案。你们论证假设的方法是正确的，不过我觉得还是得反驳你。你下次上火车的时候可以试试这个方法。"

接下来轮到阿米尔发言了，他之前一直保持着沉默。对他来说发言需要勇气，举手发表自己的意见并不是一件容易事。他是去年第二学期才加入这个班级的，再加上他外国人的身份和刚刚移民过来的处境，很难融入这个集体。目前还没人邀请过他加入自己的运动团队或是去家里玩。因此，阿米尔经常害羞地保持着沉默，连最平常的事情也不开口，因为他很自然地认为这些新同学会用问题或事实来质疑他的观点，要是说了什么不相关的事情的话，他们就再也不会愿意接纳他了。他总觉得当个透明人才是最佳策略，因为透明就意味着没有风险。可是随着时间的流逝，总和人保持距离变得越来越难，虽然远离人们视线可以保护他不受批评，但与此同时也会让展示自己的机会全部消失殆尽。阿米尔也是一个充满好奇心又非常能干的中学生，这次他也想解开谜团，追踪那些真正能引起他兴趣的蛛丝马迹。这场冒险正慢慢地将所有人拉进谜团，他不想被排除在外。

"对不起，我觉得现在没法接着思考下去，因为有一个点我没想清楚。是我听错了，还是信里明确说这是一辆无限长的火车？对，就是这一点我想不通。实际上并不存在无限长的火车！这一点有什么意义呢？"

一语中的，又一次拉皮埃尔老师不得不亲自开口，因为学生们都等着他表态。就这样，阿米尔的想法变成了大家的想法。对于阿米尔来说这是他第一次当众发言，为他带来了极大的满足感。众人的目光不约而同地从阿米尔移到了拉皮埃尔老师身上，就好像世界上只有拉皮埃尔老师才能回答刚刚的问题：无限长的火车？这怎么可能？

"这点观察我也很喜欢。敏锐又独特。"阿米尔感觉稍微平静了一些。老师继续说："在现实生活中一辆无限长的火车是不存在的。这一点没错。不过我们的大脑却可以想象这样一列火车，能够绘制这样一幅画面。我们所有人都能够想到，可以有这样一列火车，每个车厢的尽头都还有另一节车厢。这是我们思维的力量之一。你们要知道，很多情况下研究现实问题的人做出的推理其实都经过了想象的过程。我们也来这样做。首先我们要接受这个概念，想象一列无限长的火车，听不到任何噪声，在绝对直的轨道上匀速行驶。想象出来了吗？现在我要问你们一个问题：我们怎样才能搞清楚列车是静止的还是运行中的呢？"

一片安静。有人在摇头。有人会把嘴噘到了鼻子上。教室里充斥着一种明显的反对。

"那么，有人愿意发言吗？"萨拉叹了一口气说，她实在受不了陷入安静的尴尬。

不知为什么，学校总是教学生们说"是"和"不是"。相反，"不可能"作为答案总是不受重视，会被当作是一种失败，会被当作是一种不可能出现的结果。大概因为这个原因，过了好一会儿加布里埃莱才敢说出他的答案。

"我觉得，根本不可能判断。"

"不可能。"

"……能判断。"

"……判断。"

多人立刻点头示意，也有的人等了几秒才敢点头。不过可以确定的是，没过多久大家就都一致同意这个观点了。

　　　　　　　　　爱因斯坦的实验

"正是如此。你们说得没错，根本不可能判断。如果你们愿意的话，我可以再加一点。"看到学生们都表示了赞同，拉皮埃尔老师继续说。"我现在也可以问你们这个问题：我们现在是静止的还是运动中的呢？如果你们仔细想一想，这个问题并不是显而易见的。你们可以说你们是静止状态的，在这间教室中。不过事实上你们也同时处在地球上，而你们也知道地球是围绕着太阳在公转的，此外还沿自己的地轴自转。所以，你们也是在运动中的，即使这个运动并非出于你们本愿。我们没有因此感到头晕，因为地球的运动实际上是非常均匀的，永远保持匀速。"

同学们听得十分着迷。老师说得十分有理。

与此同时，爱丽莎并没有浪费时间，她继续拍照片。然后她拿起信封准备给信封拍照，她发现了信封并不是空的：信封里面还有另外一张纸。

"对不起，老师，我发现这里还有另外一张纸。"她一边说着，一边为图片库又加了一张新照片。

不用同学们多说，老师自然而然地开始念起了纸上的内容。这第二张纸上面写着这样一段话：

终于，车窗被打开了一点，打开的程度正好能让人窥见窗外的景象。这时你们看到外面是另一辆和你们这辆一模一样的火车。你们看到这辆火车正在从左向右以匀速运行。现在你们能回答刚才那个问题了吗？是你们这辆火车在运动，还是另一辆火车在运动呢？

"哦不，"萨拉说，"我们又得从头开始想了！"

"并没有。我们只是可以继续了而已。并不困难。我以前就有过这么一次。我先是在车站停靠，然后我以为我所在的那辆火车已经出发了，可事实上却是另一辆火车正在移动。"塞巴斯蒂亚诺承认道。

"是的，是的，没错。我也是，去年夏天我坐了一次轮船，早上起床后，为了搞清楚我们是靠岸静止的还是正在行驶，我不得不走出船舱或是从舷窗往外看。"安娜附和道。安德烈亚点头赞同，露出了一个能看到 33 颗牙齿的巨大微笑，同时用目光扫视着周围，以便观察同学们赞同的神情以及对安娜刚刚发言的欣赏之情。

"话是没错，可是 U.P. 跟我们说，运动是匀速的，火车上也是绝对安静的。"

现在同学们的假设已经锁定了：运动状态是相对于观察者而言的。一切都取决于谁在观察以及在哪里观察。也就是说取决于视角。正如勺子、树獭以及视错觉图片。一切似乎都明了了。

他们决定好要在告示栏上发布什么样的答案了。

拉皮埃尔老师自然不会放过 2A 班同学们的任何一个细节，

爱因斯坦的实验

因此他将这项任务交给了阿米尔，他想让阿米尔更多地参与进来。很多人因此感到失望，因为他们本来都想执笔来着，但他们也知道拉皮埃尔老师一旦做出决定，同学们就一定要尊重。

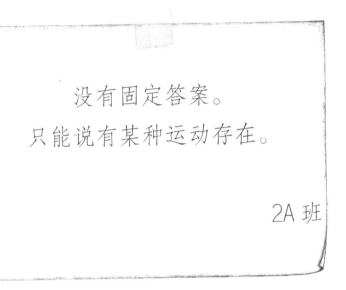

没有固定答案。
只能说有某种运动存在。

2A班

阿米尔在纸上工工整整地写上这段话，然后将纸固定在了告示栏里。现在就等 U.P. 做出下一步举动了。

此后这下一步举动确实到来了，但主角却换了人。

下课铃打响之后，安德烈亚似乎因为之前积攒的肾上腺素或是别的什么因素产生的化学反应，突兀地在班里喊道："同学们，出发了！无限列车正要从 2 号站台出发。发车啦……呜呜呜……"

接着他有节奏地挥动双臂，假装是火车的活塞与连杆，在走廊中小跑起来。

"请大家抓紧上车！"安德烈亚一边重复着这句话，一边向左右两边抛出满怀热情的飞吻。

不一会儿的功夫，同学们踏上这辆想象出来的火车，队伍越来越长。一开始被游戏吸引的还只是那些活跃的人，然后逐渐就连犹豫不决的同学也加入了进来。有的人一开始只是好奇地观望，但后来也插进了这辆快速变长的队列。很快，这趟由欢笑声不断的学生组成的火车经过了一条条楼道和楼梯，在不断增长的喧闹和愉快气氛中上上下下。

"干什么呢？什么事情？都停下！"

校长的喊声为这场游戏画上了句号。佩拉马蒂校长生性严肃，外形也起来十分纤细敏感：窄窄的鼻子、薄薄的嘴唇，四肢又细又长。他对于奖惩机制与他所谓的"纪律干预"活动也十分用心。为了能将这样的干瘦的外形转化成纯粹的能量，他想到的最好办法是喝咖啡，每天都要喝很多。喝咖啡已经成了他的一种爱好，甚至成了一种依赖。他喊出这句话时已经喝了当天的第三杯咖啡，为他纪律干预的高效性提供了充足的保障。

"有人能给我解释一下你们在干什么吗？你们都疯了吗？赶快回教室，都动起来！"佩拉马蒂校长威严的声音也自然地十分尖细，但这种声音要真的提高音量反而会引起人们反感。

　　　　　　　　　　爱因斯坦的实验

校长随着同学们一起踏进教室，眼神透露着事态的严重性。他跟同学们说，他听说了神秘人士给学生们传递信息的事情，而且知道这个人的回复极不负责任。接着，他用响亮清晰的声音责问学生们，他们是否明白与陌生人互动要冒什么样的风险。这场游戏疯狂又荒谬，完全超出了常规学校教学计划，要立即终止，刻不容缓。假如幕后作者真的是拉皮埃尔老师的话，他一定会以另外的方式呈现整个事件，谁知道这场怪异的故事背后藏着什么危险的始作俑者呢。

教义学课的老师听着校长的发言，默不作声，她大概已经想象到了这你来我往神秘通信是由怎样疯狂的念头所驱使的。

在此之后，拉皮埃尔老师费了九牛二虎之力才让校长相信他与整个事件毫无关联，然后又凭毅力与决心劝动了校长，让他最终也同意学生们继续参与这场游戏。

他向校长保证：他会谨慎监督一切，不会让学生们暴露在不安全的环境中，不会在任何资料上透露全体学生或单独学生的姓名，会及时与校领导汇报更新事情进展。之后，拉皮埃尔老师终于获得了批准，可以继续进行这项活动。获批之后，一些教师之间的闲谈就炸开了锅。

2A 班同学在告示栏上给神秘人士的回应获得了许可。自然，他们招来了许多羡慕和怀疑的眼光，来自其他班上的同学，也有一部分来自学校里的成年人。

就这样，在没人特意组织的情况下，大家展开了一场"间谍行动"：每个人都仔细观察其他人的一举一动，试图找到这位神秘发布人。至少有一点很快就明了了：U.P. 不会在学校对学生开放的时段里行动。每天在学校可以自由活动的校工和临时工都没有注意到任何奇怪的行动。那么这个神秘人士到底是在什么时间进行操作的呢？

夜晚吗？

又或者发布者可能仅仅是一名普通教师，但能在避人耳目的情况下进入教室。

阿米尔写的纸条在告示栏上挂了几天，然后又是在一个星期四，神秘人士出现了。这一次在 2A 班的课桌上，确切地说是每张课桌上，都出现了一样东西。又是一个信封，但这次的收件人是每张课桌的主人。信封同样是黄色带不干胶的那种，里边和上次一样也是有一层减震泡沫，A4 纸大小，长边隆起，总体来说也不算太沉，总之就像一贯善于观察的卡米拉说的那样，和文具店里买的任何一种信封都很类似。

游戏还在进行，而且越来越有挑战性。

"我们等老师来了再拆信封吧！"爱丽莎给神秘人士 U.P. 的新杰作一边拍照一边劝大家。

等待拉皮埃尔老师来的这几分钟简直就像过了一辈子那么

　　　　　　　　爱因斯坦的实验

长。大家都难以忍耐，想要查看信封内容。终于，老师跨进了教室门，然后就像已经发生过的那样，来自学生们的呼喊声和其他激动的声音如潮水般淹没了拉皮埃尔老师。

然后大家终于拆开了信封。

第四章　同学们的负担因信封的重量而减轻

"天呐，纸纸纸，全都是纸。U.P. 现在是不是开始逼我们学习了？最后是不是还得来个小测验啊？要这样就全毁了！"塞巴斯蒂亚诺抗议道。

"你等会儿再抱怨！你没看纸上的内容啊？上面印的是张漫画。看你怎么'学'它。"安德烈亚一字一顿地说道，而且特意在最后的"学"字上放缓了语速。

有人轻笑了几声，但没几个人注意到。

"关于手电筒你不评论两句吗？"基娅拉好奇地问。确实，每个信封中还有一把靠电池供电的手电筒，虽然很小，但功能完好。

"同学们，注意一下。就算是最吸引人的冒险，也是要耗费精力的，"拉皮埃尔老师为了激励同学，说道，"我已经听见有人喊累了。不过到现在为止，我们这位朋友已经十分机敏地主导了我们的思想。大家准备好继续了吗？"

同学们异口同声地回答"准备好了"。就连塞巴斯蒂亚诺也想继续，刚才只是作为学生的"义务性抱怨"。

"老师！老师！我的信封里面还有一块石头！"萨拉高兴地喊道，她很高兴再次成为人们注视的焦点，也很高兴在那样一个

爱因斯坦的实验

众人停滞不前的时刻里，为他们的冒险起到重要的推动作用。

"我的里面也有！"

"我的也是！"其他人也逐渐开始惊呼。

"石头，就是单纯的石头。"贾科莫低声说，同时思考着想要搞清楚这种石头的来源会是什么。

这可不是一项简单的工作，没有任何线索，什么也没有。贾科莫拿起他那块石头，放进了笔袋里。他会把这块石头带回家，带回实验室里，试图寻找一些有意义的细节。

同学们带着疑问你看我，我看你，试图抓住什么新想法。

"我来开始读吗，老师？"严肃的安德烈亚问道，"漫画可太适合超级安德烈亚了！"他一边说着一边像陀螺一样原地转圈，就好像他能像很多超级英雄那样变身似的。

"好吧，读吧！"老师将任务交给了他，很明显向学生们投降了。

但实际上没有太多东西要读，安德烈亚只需要讲讲他在画面上看到什么就行了。

念完画面上仅有的几行文字之后，安德烈亚一字一顿地读出最后一句话："谁要接受挑战？"

全班同学异口同声地说："我们！"

2A 班同学在征得老师的许可之后，在老师的指导下来到了计算机教室。学生们分成几个小组，每组同学守着一台计算机，

以下是在雪中探寻的关键词：
伽利略，计量，光速，对话。
谁要接受挑战？

然后开始输入漫画中提示的关键词。网上能找到的相关信息实在
太多了，很难进行筛选。为了帮助他们，老师分析说，他们的目
的是重构一个故事，这个故事和光、两座小山、一个叫伽利略的
人和他的一个同伴有关。一小时的紧张搜索后，这场精彩的猜谜
游戏变得清晰了。

"同学们，你们准备好了吗？有人愿意讲一讲漫画中的两个
人物在做什么吗？"

"老师，可以让我来总结吗？"贾科莫提议说。然后安德烈
亚庄重地为贾科莫作了一个简介，就好像他是一位欧洲核子研究
组织（CERN）的研究员一样。

贾科莫开始讲："伽利略手中拿着灯和油，在一天晚上准备登

上佛罗伦萨附近一座小山的山顶上，然后叫他的同伴也做同样的事情。接着伽利略登上一座山顶，同伴登上相隔较远但肉眼仍然可见的另一座山顶上。"

两位实验者在明确了要做什么之后，开始行动了。

"到达最高处之后，伽利略摘下了盖在油灯上的遮光布，然后开始计时。伽利略的同伴就像之前商量好的那样，在看到伽利略灯光的第一时间也摘掉灯上的遮光布。然后伽利略在看到同伴的灯光后，马上停止计时。是不是这样？"

"对。"

"这里我就有点不明白了，老师。我完全可以想象他们实验的画面，但不太明白为什么。"贾科莫说，"我可以试着讲一讲我从漫画中看明白的东西，但我也不是特别确定。伽利略想要测量光速，对不对？他这样告诉朋友的，我们也在刚才的搜索中明白了这一点。我们还读到，在那个时候这一想法堪比一场革命。当时谁也没有想过这样做，对不对？伽利略想要找到一种方法能够验证他的直觉，对不对？可是，老师，那时候伽利略已经知道一些物理学的基本公式了吗？"

贾科莫这一连串的"对不对？"标志着他有多么的不确定。他明白了这一系列发生在托斯卡纳山丘上的事件，但他并不确定是否明白了其中的意义。

"贾科莫，我完全跟上你的思路了。"拉皮埃尔老师回答说，像往常一样让人十分安心，然后他转向全班同学，"你们还记得速度的计算公式吗？

$$速度 = 空间 / 时间$$

如果现在这位科学家想要测量的是速度的话，那么他要用到的公式正是这一个。答案是肯定的：伽利略之前就知道这个公式。所以现在假设他做这个实验，他能得到公式中的哪些变量的值呢？阿米尔，你想继续讲下去吗？"

阿米尔差点被这突如其来的点名吓了一跳，再次被牵扯进来让他感到有些害怕。他先看了看四周，然后说："我觉得他知道两座小山之间的距离，虽然可能不是那么精确……"

"所以呢？"老师鼓励他继续说，"他求的是速度。现在他有距离的量了，也就是空间……他还需要什么？"

"时间。"卢克雷齐娅像在跟自己说话一样悄声说。

"对不起，卢克雷齐娅，你能再大声地重复一遍吗？"老师很明显地点点头，用平常的语气鼓励她说。

"时间。"卢克雷齐娅用稍微确定一些的语气重复了一遍，多亏有了刚才拉皮埃尔老师的那一针强心剂。

"那要怎么计算呢？你们怎么想的？"

"我来说，我来说……"贾科莫再次发言，他开始在头脑中将一块块拼图拼凑起来。"伽利略大概想的是测量灯光从第一次出现到第二次之间经过的时间。在用距离除以测量出来的时间就能计算出光速了！"

老师接过对话："你可以把'大概'两个字去掉。就是这样。他还准备将两座山丘之间的距离翻倍。因为光会先从伽利略传到他的朋友那里，然后他的朋友点亮自己的灯，接着光会再从朋友那里传回到伽利略那里，伽利略在此时停下他的'秒表'，我们暂时先用这样一个不合时代的叫法称呼它。现在谁能应用公式做一个总结？安娜，你来？"然后老师邀请安娜来到黑板前。"对于伽利略来说，应用当时的工具，那时的光速应该等于……"

"两座山丘之间的距离乘以二，除以伽利略测量到的时间。"安娜用十分肯定的语气说。

"哦哦！"有人喊道，带着全班发出了赞同的声音。

"所以问题解决了吗？"老师假装总结说。

"不，还没有。有的地方行不通，老师。我们小组发现其实伽利略并没有测出什么来。不过，我们比他们更进一步。我们现在早就知道光是有速度的。我们还知道光速大约为每秒 30 万千米。"宝拉评论说。

"那我们到底错在哪儿了呢？这项实验到底是哪里不可行呢？"老师提示同学们，让大家回想起 U.P. 提出的问题。

"或许他应该放弃油灯而选择闪光灯……'油灯'这个词听

起来就很慢。用闪光灯就没问题了。"安德烈亚满意地总结道。

"不！你胡说。这个想法真是太糟糕了。"托马索评论说。这次确实根本不可能为安德烈亚的发言进行辩护。但老师试着解释道：

"不错的直觉，安德烈亚。"拉皮埃尔老师逆转局势的手段相当高明：本来看起来是这样的，但他只需要一两句话就能让你看到事情其实可以是那样的。"你想说的是问题出在了工具上，如果他先用油灯，再用闪光灯，你觉得他能证明光速其实是不一样的吗？"

"这个说法太没有说服力了，老师。"贾科莫插嘴说。要想讨论实验就必须先过他这关。"我想象的是这样的：如果我们让教室保持完全黑暗的状态……"

"来吧老师，我们做实验吧！我们按照贾科莫说的做。"

"你需要什么工具吗，贾科莫？"拉皮埃尔老师说道。

"一根火柴，一把手电筒……还有一把手电筒……"

所有人的目光都看向了刚从信封中拿出来的小手电筒。

"手电筒我们要多少有多少，"卡米拉激动万分地说，"若需要火柴的话，我可以去校工办公室要。"

谁知道呢，可能同学们真的在按照 U.P. 的计划具体实施起来了，他肯定是故意将手电筒装进信封的。

过了一会儿卡米拉回来了，教室在一片黑暗之中，贾科莫先点亮了火柴，然后是手电筒。毫无疑问，手电筒照亮教室的方式和火柴完全不同，刚才在点亮火柴时一直重复着"噗呜呜"的塞巴斯蒂亚诺也安静了下来。

"我觉得光照强度不一样，但并不是速度的问题。"贾科莫总结说，"慢速油灯还是闪光灯，结果都不会改变。"

"所以呢？伽利略实际上测量到的是什么呢？对于我们这些早就知道光速是多少的人来说应该很容易回答。"拉皮埃尔又一次提示到。

这次发言的还是贾科莫。他刚才沉默了一会儿，不断地将手电筒从一只手传到另一只手上，然后提出他的观点。

"老师，我现在要点亮手电筒了。您能给我一个开始的信号吗？我的手电筒点亮之后，加布里埃莱可以点亮他的。然后我们看看在这种几乎没有间距的情况下会发生什么。因为我怀疑我点亮手电筒之前肯定会有一个非常短暂的时间间距，对于加布里埃莱来说也是如此。"

在黑暗的教室里做灯光游戏真的很有意思，大家带着好奇心耐心等待，中间掺杂着问题与回答。每次灯光熄灭后，安德烈亚都会向空中抛出一个飞吻，也是别有一番风趣。

同学们的想法逐渐成形了：伽利略没有测量出光在两座山丘之间往返的时间，而是测出了两名实验员做出反应、点亮灯光的时间。没有其他有意义的结果了。两座山丘之间的距离太近了。

光速太快了，要想测量光速需要用到非常遥远的距离。伽利略实验的真正问题出在了空间上。假如光的传播时间是可以测量的，考虑到那个时代可以用到的测量工具，就必须延长这个传播时间，因此就需要用到非常大、非常大的空间。实验要想成功得到结果，就必须用到量级完全不同的传播距离。

卢克雷齐娅和阿米尔点了点头，所有其他同学似乎也都完全明白了。他们十分确定这个答案。

"你们想知道伽利略测量时间用的是什么工具吗？我每次想到这一点都会不自觉地摇头，因为实在是太难以置信了。"拉皮埃尔老师补充道，"你们试图想象一下当时的场景：他能用到的工具就只有一个沙漏，但是沙漏在晚上显然不是一个理想道具。所以据说他当时想要用心跳来进行测量。能赶上光速的也就只有他这种天才的想法了！"

"伽利略真是我们的好向导。真是个天才！太棒了！你征服了我们所有人。你给我们留下了难以置信的想法。所有人都认为光是即时的，光速是无限的，只有你想到要去测量！伽利略真伟大！"安德烈亚带着满意的笑容感叹道。

离下课还有 20 分钟的时间，老师在仔细思考之后决定再向同学们抛出最后一个问题，就好像在做好的意大利面上撒上奶酪一样。

"关于声音呢，你们怎么想？声音是即时的，还是存在有限声速的呢？如果你们的音乐老师想要说服你们，说声音的传播速度是无限的，你们会怎么回答？"

同学们沉默了一会儿之后，开始窃窃窣窣地讨论起来，讨论声盖过了抱怨声，因为有人现在只能想到下课铃响的声音了。

"闪电和雷声，老师。"索菲亚回忆起了每次下暴风雨时的恐惧感。索菲亚每次都是在忽然袭来的闪电之后马上用手捂住耳朵，然后闭上眼睛数数，准备迎接轰鸣的雷声。

阿米尔清了清嗓子，在椅子上坐立难安但又不说话，他抓起一根笔，抬起目光，然后又咳了几声。于是安德烈亚决定推他一把。

"阿米尔，我的朋友，你是否有什么话想要开口……"

这样一来，阿米尔为了让这个同桌安静下来就不得不讲话了。不过与此同时他也十分享受成为班级最受欢迎同学之一的玩笑的焦点，有趣又不失高雅。

"我在想去年郊游时的场景。"

"阿米尔……全都说出来吧。你在想的是郊游时认识的姑娘，是吧。"安德烈亚又开玩笑说。

阿米尔脸红了。他接着说，他想到的是去弗拉萨西（Frassassi）岩洞时的事情。当时岩洞里有一处特殊的地方，可以在那里玩回声。他很清楚地记得，他们喊声的回声并不是立即就能听见的，而是一声追赶一声，而且从来不会被完全覆盖。

任务完成了，声音的传播也是有有限速度的，非常清楚。

此时的老师看起来比以前高大了，可能是因为对同学们的自豪之情让他挺直了腰杆。这样一来他就可以继续引导同学们在下一节课延续这场讨论。接下来他们应该能够试着一起思考，为了测量光速还需要哪些步骤了。

那 U.P. 呢？信封里没有任何其他线索了。现在游戏似乎完全掌握在拉皮埃尔老师手里了。

爱因斯坦的实验

第五章　空间展开了

星期一的数学课上充斥着一种压抑的氛围。似乎所有人都不自觉地认定 U.P. 不会再出现了，关于他的神秘身份也永远不会被揭开了。直到周末同学们还在聊天群里讨论回味，但在此之后游戏就真的结束了。他没再留下任何线索，不在告示栏上贴什么，也不在任何地方留下对同学们的回应。于是拉皮埃尔老师决定亲自展开新的活动。此时很多人都又开始怀疑这个 U.P. 其实就是拉皮埃尔老师了，要不然还能是谁呢？当然了，至于 U.P. 这两个字母究竟代表着什么，没人能够理解。

走进教室之后，拉皮埃尔老师立刻感受到了一股低气压，但他并没有放弃让学生们和自己一起继续思考如何测量光速这一点。

"老师，您说实话吧，"基娅拉劈头盖脸地说道，"您是不是就是 U.P. 呀？"

全班同学的目光立刻全部汇集在老师身上。基娅拉替全班同学说出了心声。

"同学们，我知道我是怀疑对象中最有可能的一个，但我向你们保证，我与整个事件完全没有关联。实话跟你们说，我一开始甚至以为是你们中的某些人在开玩笑，按照什么奇怪的书或是奇怪的人的指示整蛊。后来我才抛弃了这个假设，因为这些出乎意料的游戏太花功夫了，是你们现在的水平无法触及的……这个人十分有才华，尽管我相信你们的创造能力足以找到解决谜团的正确道路。现在我没有一点头绪，根本不知道应该怀疑谁。同时我还向校长保证过不会让你们有任何危险。此外，我还必须承认这位神秘的 U.P. 让我们探索发现的一切，在我看来都十分宝贵。我已经决定要继续下去了，如果此时这个 U.P.——不论他是叫雨果·普罗耶提还是翁贝托·普拉提——想要凭空抽身，那就随他去吧。我十分愿意接替他的位置。如果这就是 U.P. 的真正意义，那么 U.P. 就是我。"

"也就是说……您既是 U.P. 也不是 U.P.……"

"或者说，因为您不是 U.P.，所以您就是 U.P.。"

"我怎么什么都听不懂！"

"我相信您，老师，我也想将这个游戏进行下去。但同时我也想继续调查 U.P. 的身份。"托马索简单明了地这样说道，获得了其他同学的一致认可。

"所以，我们现在重新整理一下思路。光传播的速度是有限的，但这个速度实在太快了，就连伽利略也没办法准确测量出来。不过，研究显然被后人接手了。你们谁能思考一下，后来的人是在哪里找到了比两座山丘之间距离长得多的地方进行了测量光速的实验呢？"

　　　　　　　　　　　　爱因斯坦的实验

"两座高山之间！"

"两片海洋的海岸之间！"

"从地球到月球！"

"实际上比这个还要长，"拉皮埃尔老师总结说，"人们想到的是行星之间的距离。的确，此后关键的一步是由一位天文学家迈出的，一个叫罗默（Rømer）的人在 1676 年研究了木星及其卫星木卫一的运行，然后在历史上首次成功测量出了光速的近似值：214 300 千米 / 秒。如果考虑到当时他能用到的测量工具的话，这一结果简直可以说是相当准确了。此外，在那时人们已经相当肯定，光绝对不是一个即时的现象，光速绝对不是无限大的，而是以一个确定的有限的速度传播的。"

"我知道你们有一些人并不想再深入下去了，但如果有人还想继续了解下去的话，昨天我准备了一份材料，或者说两份：一份有关罗默的实验，另一份与历史上相当重要的测量光速的实验有关。这第二个实验是斐索（Fizeau）在 1849 年，也就是在罗默测量将近 200 年之后，首次通过非天文学的方法得到的光速的数据。神奇的是，斐索实验的起点正来源于伽利略设计的实验。只不过他并没有依靠视觉来测量时间间隔，因为这样太主观太有限了，他想到的是依靠机械器材。总之，他将伽利略的助手替换成了一面镜子，然后在 6 千米之外的距离上放了一个齿轮，作为光的开关和来源，而且并没有什么山丘出现。"

"此后经过了很长时间，历史前进中，人们不断展现出创造力与热情，终于到如今光速（以字母'*c*'来表示，来自于拉丁语的 celeritas，意思是速度，因为光速在物理学中是最典型的一种速度）的数值已经十分接近于实际速度了。"

$$c \cong 300\ 000\ 千米/秒$$

"随着时间的推进，工具的进步，科学技术越来越精湛，越来越多的人都开始能够以更高的精度测量光速了。你们再听听接下来发生的事情：19 世纪末期，两位美国科学家开始着手准备一项崭新的测量光速的实验。结果实验失败了，或者说实验结果实在太过出乎意料，因此只能解释为一次失误。但正是这个所谓的失误激发了物理学家们的兴趣，展开了一场新的讨论，而且持续了很长时间。假如 U.P. 还有意愿接着与我们将游戏进行下去的话，那么我猜他大概也想将我们引到这一点上，但是只能到时候再说。"

"不论怎样，我重新思考了一下，我希望你们在下节课之前能够大概浏览一下我准备的材料。我很确定 U.P. 也会同意我的提案的。或者我也可以代替他来进行下去。因为就像我刚才跟你们说的那样，我大概猜到了他想达到什么目的……不过要将所有信息串起来现在还为时过早。不论 U.P. 的真实身份是谁，我都很喜欢这个人。"

班里响起了掌声，证明 U.P. 给同学们留下的印象也是如此。

罗默的实验

知识卡

作者	奥勒·罗默（Ole Rømer）
年代	1671—1676 年
地点	文岛（Ven，当时归属丹麦，如今归属瑞典）和巴黎（当时归属法国，现在仍归属法国）
概述	运用超大型实验器材来测量光速！人们利用木星的卫星之一木卫一在发生掩食时会表现出一些明显异常行为，可以以相当高的精度来测定光的传播速度。

17 世纪初，伽利略·伽利莱（Galileo Galilei）首次猜想到光的传播速度应该是有限的，但他的实验过于粗糙，无法得到一个可信的测量结果。光速相当之快，只需几个百万分之一秒（约等于眨眼一次用时的十万分之一）就可以经过一千米的距离！

1671 年至 1672 年，丹麦天文学家奥勒·罗默想到可以利用超长的距离，比如从地球到其他行星之间的距离来测量光速，这一想法的基本原理如下：

我们为了看到一个物体就需要这个物体被光照亮（或者这个物体自身会发光，就像太阳或是灯泡一样）：光需要从物体"出发"，然后到达我们的眼睛，唯有如此我们才能看到它。这个概念并不是没有意义的：它意味着我们看到的物体并不完全是它现在的样子，因为光要耗费一定时间才能走完我们和被观察物体之间的距离。换句话说，我们所看到的一切，实际上都有一定的延迟，延迟的长短取决于我们正在观察的物体距离我们的远近。

比如说，以太阳为例，太阳与我们之间的距离大约有 1 亿 5000 万千米，因此这种延迟效果就会特别显著：用这个距离除以光速（大约每秒 30 万千米），我们就会得出我们看到的太阳并不是现在的太阳，而是超过 8 分钟以前的太阳。

从 1671 年开始，罗默就在观察木星的卫星之一木卫一（伊娥）的运行轨迹。木卫一就像我们的月球一样，是一个小型天体，围绕木星公转，每 1.76 天完成一次轨道周期。木卫一的运行轨迹相当有规律，因此罗默相信可以以极高的精度来预测木卫一掩食出现的时间，也就是当木卫一出现在木星"身后"被木星藏起来的时候，如图所示。

然而，很快罗默就发现事情有些不对，在一年当中地球在其运行轨道上接近木星的时候，木卫一会比预计的提前出现掩食；而在一年当中地球远离木星的时候，木卫一则会比预计的延迟出现掩食。换句话说，就好像木卫一的运行速度时快时慢，取决于地球相对于木星的距离。

经过几个月的研究之后，罗默明白了这个现象的原因归根结底在于光速是有限的，于是 1676 年他将这些发现发表在一篇非常重要的科学论文里。简化版的解释如下：光速是有限的，因此

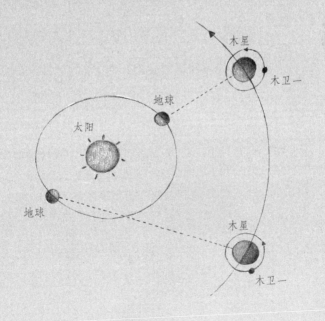

当木星距离地球较远时，罗默的观测就会有"延迟"；相反，当木星距离地球较近时，观测就会"提前"。结果就是罗默观察到的木卫一的掩食相对于预测时间就会有时延迟、有时提前。

罗默据此计算出来的光速大约是每秒 22 万千米，约是实际值的 75%，但对于一个 350 年前进行的实验来说，总体上是个相当难得的结果！

斐索的实验

知识卡

作者	伊波利特·斐索（Hippolyte Fizeau）
年代	1849—1851 年
地点	巴黎（法国）
概述	这个实验是利用地球上就能找到的实验工具来测量光速。利用齿轮的转动可以以极高的精度测定光速。

罗默的实验结果发表之后很多年里，其他物理学家和天文学家也都复制了他的实验（或是利用其他行星和卫星进行相似的实验），以便提高这一结果的准确性。这些基于天文技术的实验有一个共同的问题，就是对于天体的观察需要消耗相当长的时间，因此结果的误差也会相对更高。

　　鉴于这种情况，斐索深信，要想更加精确地测量出光速，就一定要使用更加小巧的工具来进行实验，这样的工具可以由人进行操作，但同时也能模拟出想要的情况，让实验人员能够"驯服"这种超快的速度，使其能够被测量。1849 年，他设计出了下图所示的实验。

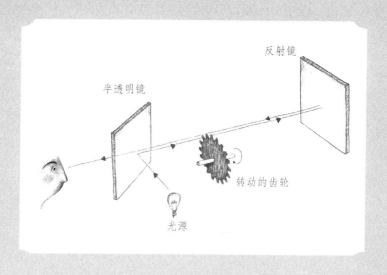

　　斐索从父母家乡的城市叙雷讷（Suresnes）发出一束光，让这道光射到安置在巴黎附近蒙马特（Montmartre）的一面反射镜

上，这段距离大约有 9 千米长，然后他再从光源出发的地方进行观察。光往返于这段路径所耗费的时间相当短，只有 500 万分之一秒，因此斐索没办法以直接的方式测量传播用时。

因此，斐索在光的沿路上放置了一个转动的齿轮，这样光束就能时而通过齿轮、时而被齿轮阻挡，取决于光传播到齿轮时遇到的是间隙还是轮齿。接着他逐渐增加齿轮的转动速度，让那些在出发时遇到齿轮间隙的光线在返回时被轮齿所阻挡，这样一来在出发点进行观察的人就不再能感知到任何光线了。

现在已知齿轮与反射镜之间的距离，已知轮齿的数量以及齿轮转动的速度，斐索估算出光的传播速度大约是 315 000 千米 / 秒，与罗默计算出的数值相比精确了不少，而且还没有用天文技术。

斐索完成实验之后的一段时间里，其他科学家也纷纷为使这个数值进一步精确做出了贡献。他们改进了实验，使用了更加实用的实验器材。比如说，一位法国物理学家让·贝尔纳·里容·傅科（Jean Bernard Léon Foucault）将齿轮替换成了转动的镜子，由此计算出光速大约为 298 000 千米 / 秒，已经相当接近实际数值了！

第六章　平行的谜团开始相交

目前还没有了结的谜团有两个：U.P. 的计划到底是什么？拉皮埃尔老师的计划又是什么？这两个人想要引出并培养学生们什么样的思想？想要引到什么地方呢？

除此以外还有第三个谜团，或许比另外两个更加难以琢磨：U.P. 的身份。目前拉皮埃尔老师似乎可以从怀疑对象名单中剔除了。不过与此同时，另外一些新的人名也被加入了这个名单中，这些人被怀疑的程度大同小异。弗朗切斯科认为重构事件的每一个步骤，将 U.P. 的每一个动作记录在笔记本上十分有必要，但尽管如此他也还是毫无头绪。尤其让弗朗切斯科捉摸不定的是 U.P. 与拉皮埃尔老师之间心照不宣的合作到底能为解决谜团提供多大帮助。这是巧合吗？又或是两人合力策划出来的？或者他们共享的仅仅是拉皮埃尔老师经常说的"教学热情"？

U.P. 没有行动的日子里，2A 班的同学将调查进行下去了。不过并不是有组织有系统性地调查，他们没有得出什么初步结果，只是在随性地进行，中间掺杂着一些直觉成分。

神秘事件开始后的第四周，在星期三的早上托马索再次用他那突兀的声音和强硬的态度打断了一场热烈的讨论。萨拉和卡米拉当时正在合力强调，大家完全没有考虑 U.P. 可能是女性，这

爱因斯坦的实验

一点是极其带有偏见的想法。她们十分享受自己作为女性权益捍卫者的角色，列出了一连串女性人名，乌尔苏拉、乌玛、乌拉妮娅、乌格丽娜等，边说边笑。托马索出声打断就是在这时。

"我们学校根本没人叫这些名字。总而言之，你们能想象一个女人每次都留一块石头当签名吗？真是的……"他大声地说出这句话。

"一块石头。"他又重复了一遍，这次的声音回到了正常的音量。"如果 U.P. 这个缩写其实并不是名和姓，而是代表着'一块石头[1]'，或更简单的英文中的'上'的意思呢？"

同学们开始有些犹豫了。这样签名有意义吗？不过习惯于解谜的弗朗切斯科还是认真地思考起了多种解读 U.P. 这一缩写的可能性。这一天前几个小时的课十分无聊，弗朗切斯科有时间慢慢思考，然后和他的同桌托马索商量了起来。

他先给托马索展示了一遍他注意到的线索：U.P. 这个人能够自如地在校园里穿梭，因此应该十分熟悉校园环境。如果 U.P. 是故意选择了 2A 班的话，那么他肯定知道一些或至少主动去了解一些关于 2A 班部分人的情况。U.P. 显然是个物理高手。而且尤其重要的是，U.P. 这个人的性格一定十分不同寻常。弗朗切斯科本想找到更多关于能够重构这一神秘人士年龄的线索，但目前他

---

1 意大利语的"一块石头"是"una pietra"，缩写即为"U.P."。——译者注

还没有掌握任何证据。要想更进一步，就必须要用到他最喜爱的侦探经常用到的那些专业工具。

或者至少能查到那些石头到底是从哪里来的……

第二天上课前，萨拉和她的小组对班上其他的人警惕地低声说："快上来，快点儿你们快进班。"

与此同时，另外一些女生在用余光检查校长有没有发现他们的行踪。作为特殊监视对象，2A班的同学们总是处于佩拉马蒂校长的关注焦点中。

全部17名同学在短时间内都聚集到了教室门口，但没人敢打开门。神奇的现象又出现了：侧面的玻璃泄露出了一部分里面的惊喜。教室中一片黑暗，卷帘窗似乎被放下了，一束奇怪的粉光照亮了教室的一部分。

一点都不出人意料的是，那又是一个星期四。

卡米拉和弗朗切斯科是首先到校的两个人，当然他们没有被吓到不敢动弹，但也不敢有大动作。两个人的行动就像是被一股持续的低压电流驱使的一样。同学们的每一言每一行都透露着他们强装镇定的心态。为了不引人注目、不制造混乱，这次他们没等拉皮埃尔老师到来就一同走进了教室。要是再等上几分钟，所有人积压的肾上腺素绝对会引起爆炸或者更严重的后果的。

然后他们看到，距黑板那面墙大约一米的位置上摆了一排课桌，课桌上放着一块石头和一块板子，显然是木质的，被一个相当稳定的基座支撑着。

木板的中央大家能够勉强看到一个几乎看不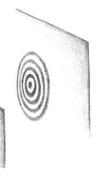
见的小孔，一束光从小孔中穿过。光
的来源是一个发射激光的装置，装置
被熟练又分毫不差地安装在了黑板
的边缘上。光线穿过小孔之后在
墙上投射出了一幅画面。

"太神奇了！"妮科尔评论说，此时吸引她的更多的是艺术
而不是科学。

逐渐地，2A 班全体同学都走进了教室，悄悄跟在他们身后
的是拉皮埃尔老师，他不想打扰到这个奇幻的瞬间。事到如今，
就连老师自己其实也想认识认识这个叫 U.P. 的疯子了。他让同学
们每人拿一把椅子，准备开始聊一聊这个神奇的现象。他们没有
开灯，而是直接围成了一圈开始讨论，制造了一种特殊的氛围。
过了好一会儿之后，才在没人反对的情况下拉起了卷帘窗叶，回
到了现实世界。

"所以图像是一些同心圆环。你们怎么想？"

"没错……"

"真的很奇怪。"

"都是圆环！"

"这真不是激光带来的特殊效果吗？"彼得罗试着问道。

　　"观察得不错。"拉皮埃尔老师评论说，"但我可以给你们解释，激光只是一种简单的'完美'光源，因此不会制造出什么特殊的效果。我们可以排除这一点。所以现在我来问你们，你们能够想到什么类似的图形呢？"

　　"比如说，一个靶子！"弗朗切斯科提议说。

　　"她说中了吗，老师？"安德烈亚边笑边问。

　　"你们想到的东西太静止了。与能够活动、传播的东西无关。妮科尔？你在想什么？我看你陷入了沉思。"老师观察说。

　　"嗯，我也不知道，可能与这件事没什么关联。我只是想到往水中扔石头时可以制造出类似的画面。石头也会激起圆圈，一环套一环非常好看。"

　　　　　　　　　　　　　　　爱因斯坦的实验

"妮科尔，你可真是让我'石化'了。我猜我们接近正确答案了，对不对？小妮你真厉害！"安德烈亚说着向妮科尔抛了一个飞吻，虽然和他献给安娜的飞吻有些不同，但毕竟也是一个吻。

妮科尔忍住没有还他一个飞吻。

"非常好，妮科尔。现在我们来利用你喜欢的这个图形更进一步。让我们来想象从侧面来观察水面。这时我们会看到一些波纹，"老师边说边在黑板上画，"我们会看到一些波峰，但是波峰的高度逐渐减低。好了，现在你们应该知道，这种物理现象和这种图形在自然界中只代表着波。"

"由石头引起的那些同心圆是在水与空气的分界面上形成的波。我再说一次，同学们，如果一个物理现象展示出这种特性，那么显然在特定的情况下（比如说将石头扔进水里）它一定就是一种波：只有波拥有这种特殊的形状。"

"这就意味着投射到我们墙面上的图像也是波了？"加布里埃莱总结说，"同心波？总而言之，U.P. 之前让我们思考关于光速的问题，现在又给我们投影波的图像。大概他是想引导我们……"

"……激光打出的是光波吗，老师？光——波——我也不知道，我一直以为光就是一条直线。当光透过窗户照进来时，它就是一条直线。现在教室里也是，射进来的是光束。我们平时不会

说'光的波'。"妮科尔再一次说道，有关波的这段对话是她当主角的时刻。

"同学们，事实上激光射出的光线恰好就是一种波。因为光就是一种波。"老师在这里若有所思地稍作停顿，然后接着用问题考验学生："那为什么透过门窗射进来的光或者是从卷帘窗缝隙射进来的光看起来是一条直线呢？哪里不对呢？"

"我很喜欢看光线照亮灰尘之类的小东西。但再怎么说光线就是光线，笔直的光线。"弗朗切斯科很肯定地说。

"实际上如果窗户的缝隙趋近于无限小的话，那么你们看到的光就会呈现出波的形态。光是一种波，但这种波小到我们看不到它的波动，看起来就是直的。我来做个总结行吗，同学们？因为我们差不多已经解决了。总之，我们可以说 U.P. 引导我们了解了光是一种波，以每秒 30 万千米的速度传播。"

"老师，我能回到光是一种波这个概念上来吗？在我看来这已经够颠覆的了！"萨拉担忧地说。

不过班上也有一些人愉快地沉浸在这些深奥的话题中，在这一天里他们仿佛既是演员又是观众。

随着时间的推进，众人提出了更多观察到的细节、需要再加工的点、对 U.P. 布置教室能力的赞许以及对于他真实身份的质疑，大家越来越想得到一个答案了。

随着铃声的响起，德语课的老师走进了教室。于是同学们重新按照老师的意愿改变了桌椅的位置，因为词汇练习环节需要用到老师那些人尽皆知的单词箱，而这些盒子要摆放在一些课桌上，课桌则要放在所有人都能看到的地方。

一切安排妥当之后，爱丽莎在地上看到了一个黄色的小钥匙，她马上就明白了，这是那种学校里零食自动贩卖机用的充值钥匙。她先拍了张照片，然后捡起来问周围的同学是不是有谁掉在这里的，但与此同时她也注意到同一个钥匙环上还有另外一把钥匙，毫无疑问是汽车的钥匙。所以很明显这并不是哪个同学丢的，二年级的学生当然不可能拥有汽车钥匙了。

捡到钥匙的消息又重新引起了全班同学的警惕，他们是不是终于掌握了一直翘首企盼的证据了呢？

弗朗切斯科要求仔细看一下这两把钥匙。如果不是同学的东西，也不是谁不小心从家带出来的，那就真的有可能是 U.P. 的东西，或许是他在偷偷布置教室的时候一时疏忽丢在这里的。

不管怎么说，嫌疑人总会在现场留下蛛丝马迹的——这可是福尔摩斯认同的。

真是不可思议的一上午！全班同学每个人又重新感到自己的好奇心一路飞到了天上。假如存在一个能够测量好奇心的温度计的话，那这时的汞柱一定超越了最后一道刻度。

"快呀，切斯科，跟我们说点什么。"托马索这样催促他，说出了全班的心声。

弗朗切斯科并不是会冲动的那种人，不会有夸张的反应，就连在这样一种状况下他都能不可思议地控制好自己的一言一行。他在仔细揣度信息，频频点头，就像正在寻找平衡点的天平指针一样。然后他挤了挤眼睛，用不确定的语气但确定的字眼，故意拉长所有语音从而刻意拖慢语速说："所以，我相当确定这是一个决定性的证据。的确，根据校规我们应该将钥匙拿到秘书办公室，或是交给校工，但这样一来我们很可能就会错失这个线索，目前为止唯一的线索。这把钥匙绝对是汽车钥匙，所以如果现在我们手中握有 U.P. 的出行工具的钥匙的话，再假设他现在就在校内，那他的汽车就应该停在楼下的停车场里。我认为值得尝试。就算汽车没有停在学校的停车场里，我们中的某个人也可以去申请出校，去校外停车场试一试。总之汽车不可能停在很远的地方。除非 U.P. 没有开这辆汽车来学校，但我认为应该排除这一假设。我们去试试吧！"

"……试着开每把锁吗？！"塞巴斯蒂亚诺质疑道。

"不用，按一下钥匙上的按钮，然后看看哪辆车的橙色提示灯亮了就可以了。之后我们再把钥匙交给秘书办公室，同时轮流监视谁会上那辆车。"

"说得好，弗朗切斯科。"

"没错，我同意。"

"好的。到时候了。"

其实大家连 2A 班教室不用出就能进行操作：教室的三面大窗户正对着学校内部的停车场，是个相当理想的观察点。全体 17 名同学都有机会对着窗子见证全部流程。

距离 U.P. 露出真面目只差一步之遥了，但是正当所有人都推搡着争抢前排位置时，一个响亮的声音打破了这项计划。

"早上好，请回到座位上去。"德语老师命令说。[2] 真是不巧，现在正是上课时间，根本不可能呆在窗户旁边，更不可能去开汽车的锁了。现在需要从"单词箱"中拿出惊喜物品，然后将它们转化成单词发音，然后默写下来，放进意思奇怪又无聊的句子里。尽管老师十分努力地想要创造出一个有趣的学习环境，课程还是难以推进下去。"三、二、一"安德烈亚焦躁地、机械地数着数。终于下课铃打响了，课间休息开始了。萨拉和卡米拉不由分说一起冲上去守住门口。

"动作要快，不能引起其他人的注意，还要以最快的速度将

---

2 原文为德语老师说的德语。

钥匙交给秘书办公室。"弗朗切斯科在同学的包围下走近窗户，将遥控钥匙对准停车场左侧的区域，但是毫无结果。是不是离车太远了，或是车可能停在其他区域里？他又试着面向正前方按下开锁键，然后听到"滴滴"两声，这次有反应了。停靠在入口大门前的一辆汽车后灯闪烁了起来。这不可能！绝对没有可能，学校里所有人都知道这辆车是谁的。

"我的天哪。"

"不可能！"

"校长？！"

"U.P. 就是校长？"

"但 U.P. 这个缩写词对不上。这就说明真的是个假名字……"加布里埃莱的语调比平常高了一些。然后就没有人惊叹了。连安德烈亚都想不出什么玩笑话，因为每个人脑海里浮现出的那个名字既让人感到惊奇也让人极其困惑。一秒钟之前佩拉马蒂校长还是少数没有被怀疑的对象之一，一秒钟之后他却成了主要对象。

"现在我们怎么办？我们应该告诉拉皮埃尔老师。"贾科莫提议说。

说办就办，阿米尔受全班同学委托以问练习题解法为由去2B 班找拉皮埃尔老师。他先是接近了讲台，然后将刚才的惊人发现告诉了老师。拉皮埃尔瞬间不说话了，皱了皱眉头，然后将嘴扯成一条线地感叹道:"不可思议。太伟大了!"然后在一阵沉思的停顿之后,又加了一句:"我认为我们应该再等一等,继续装作什么都没发生。明天我们一起讨论一下。"

第二天,2A班全体学生和拉皮埃尔老师达成一致意见,决定将秘密保守一段时间,静观事情进展,与此同时还要继续接受新的挑战。

"当然了!一切都照原来那样进行,对不对,同学们?"安德烈亚边说边举起右手,好像在发誓一样。

"一切都照原来那样进行。"全班同学一致表态。

光的干涉

"干涉"是指两束或多束光波在某一空间区域内相互叠加的情况。

我们在本章已经知道，一束光波的实际形态是一条上下摆动的线，高点（波峰）和低点（波谷）交替出现，沿某一特定方向传播。

为了简化起见，我们取两束"相同"的光波，也就是振幅和频率都相等（在一定时间中振动的次数相等）的两束光波。

两束光波相互干涉意味着彼此叠加，以下两种情况会导致干涉。

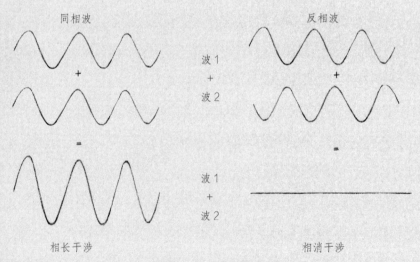

同相波　　　　　　　　　　　　反相波

波1
+
波2

=

波1
+
波2

相长干涉　　　　　　　　　　　相消干涉

- 当一束光波的波峰与另一束光波的波峰叠加在一起，同时两束光波的波谷也叠加在一起时，我们就称这种情况为"建设性干涉"，此时叠加产生的新光波的振幅就会高于这两束光波各自的振幅。换句话说，新光波比这两束单独的光波更明亮。

- 当一束光波的波峰与另一束光波的波谷叠加在一起，而波谷与波峰叠加的时候，我们就称这种情况为"摧毁性干涉"，也就是两束光波相互"抵消"，结果产生的新光波就会更平缓，更暗淡。

如果叠加的光波数量很多而且向着四面八方传播的话，那情况显然就会更加复杂。有的区域会呈现出建设性干涉（更明亮），其他地方则会呈现出摧毁性干涉（更暗淡），明暗交替的具体表现取决于具体条件。这一现象既能解释 2A 班同学在第六章中欣赏到的图像，又能解释第八章中将要讲到的迈克尔孙与莫雷在实验中观察到的结果。

第七章　在火箭中行进也能保持静止

接下来的几天，同学们都是在焦躁与等待中度过的，并总是不自觉地将目光投向校长的方向。校长的行为举止倒是没有表现出任何可疑迹象，他总是手中捧着咖啡，沿着走廊移动，然后返回自己的办公室埋头处理要阅读的和要签字的文件，以及各种大事小情的讨论和亟待解决的问题。

太难想象校长悄悄发送神秘信息、偷偷布置教室的场景了。

也很难想象校长居然会有这种时间，但不管怎样，现在都没办法验证。

于是佩拉马蒂校长盯着 2A 班同学的眼睛，叮嘱他们不要忘记最初的约定，而同学们，至少是那些平时最无拘无束的（或许这里说的只有一个人，也就是安德烈亚）则也盯着校长眨巴眼睛，还轻轻挤了挤右眼。这种行为换来了教务老师排山倒海的攻击，一连串的责问如电闪雷鸣一般落下。

决定下一步怎么走的又是另一个星期四。

挑战的最后一步并没有要求 2A 班同学做出什么具体贡献。似乎在这种问答机制顺利展开之后，U.P. 就没必要再向同学们要答案了。就好像他已经信任他们了一样，几乎可以肯定他的所有挑战都会被接受。

　爱因斯坦的实验

"我觉得 U.P. 信任我们，估计十分尊重我们，知道我们能够理解他的想法并且正确运用出来。"安娜这样说。在此之前，塞巴斯蒂亚诺最先让大家发现这次没有需要回答的问题。安德烈亚出神地看着安娜点了点头。

以前谁也不知道，对新消息的期待原来可以让每一天过得这么充实。用一个切合主题的比喻来说的话，就好像星期四是一道光，光波足以照亮星期四前后的好几天，成为同学们清晨起床出门上学的动力。

万众期盼的这一天终于到来了，这已经是开始之后的第五周、进入 12 月以来的第四周了。2A 班每个人都争先恐后地早早来到学校，冲进班级里。

铃声响后，同学们一股脑冲上楼梯，想要看看经过一夜之后是否发生了什么变化。

校长不在附近。

像往常一样，卡米拉和萨拉率先冲到门前。从教室侧面的窗户里透出了一道光。就是普通的光，意味着窗户就是被正常打开的状态。真的没发生什么新鲜事吗？同学们走进班里，谨慎又缓慢地搜寻。什么都没有，就好像每一个普通的上学日。U.P.，也就是校长，并没有现身。想要预测他的行动简直是不可能，每次都能出人意料。他到底想要做什么呢？他是不是意识到自己暴露了、留下痕迹了？还是说他想留出更多时间，让学生们继续质疑自己的身份？拉皮埃尔老师为此给了同学们一些时间来讨论，但大家并没有得出什么结论。

就这样直到第一课时的末尾，校工突然敲开了班门。安东尼奥先生一如既往地态度平和，挂着刚刚好的微笑，将一个黄色信封交给了老师，和几周之前收到的黄色信封一模一样。教室里瞬间无可抑制地沸腾起来。

"是 U.P. 啦。"卢克雷齐娅小声说，自己都被自己的勇气吓了一跳。

接着加布里埃莱也用没什么起伏的语调确认说："是 U.P. 发来的消息。"

"抱歉，安东尼奥，这次您知道谁是发信人吗？这个信封到底是怎么来的？连邮票都没贴！"拉皮埃尔问道。

"我也不知道，就跟上次一模一样，信封被放在了校工室的桌子上。我看到收件人之后马上就拿到这里来了，这种事情经常发生，我跟你们说过了。我并不担心寄信人是谁，又是怎么把信封放在那儿的，毕竟就是个普通的信封而已。我也只是完成我的本职工作，其他的就不清楚了，抱歉。"

安东尼奥一边说着一边走出教室，脸上带着和善的微笑。

接着同学们的说话声一下就变大了，各种嘈杂的声音交织在一起。大家都在表达此时的激动之情，尤其是在前五十分钟的憋闷与失望之后。就好像有谁恶作剧猛摇了一罐汽水，然后拉环终于被拉开了一样。

当务之急是要确认寄信人是否就是 U.P.，老师庄重地打开了信封。

信封里放的是另外两个白信封，分别标着 1 和 2。不用怀疑，肯定是 U.P. 了。

还是没人能够接受是校长的双手亲自封上了这些信封。

在此之前，想象一位神秘人物主导这一切似乎来得更刺激一些。

拉皮埃尔向全班展示这些信封，以便让爱丽莎拍照记录存档。然后他拿出讲台抽屉里的剪刀，剪开了信封 1 的上缘，从里面拿出一张纸，纸上有打印的文字。老师对着全班读出文字。

你们在一辆汽车上。

"应该是在火车上吧，老师。"加布里埃莱订正他说，"应该跟几周之前他给我们的信息是一样的。"

"你耐心一点，加布里埃莱……耐心一点。我敢肯定不是同一段文字。"

你们在一辆汽车上，车速是 100 千米 / 时。这时一辆红色的汽车驶上超车道，先是与你们并行，再超过你们。红色汽车的仪表盘显示它的速度是 120 千米 / 时。那么你们看到的红色汽车是以多少的速度在行驶的呢？

请给出你们的答案，然后打开 2 号信封。

"这还不简单，老师！这是迄今为止 U.P. 给我们出过最简单的一道题了。这是为了做铺垫吗？嗯……让我想想。答案应该是 20 千米 / 时，对不对？"彼得罗回答说，他甚至都没有站起来让大家看着他。

"我也同意，120 – 100 = 20。我们看到红色汽车以 20 千米 / 时的速度在行驶。"弗朗切斯科说。

"那我打开 2 号信封了？"老师问大家。

"当然了！快点儿！然后告诉大家一个小道消息，那辆红色喷火车是我在驾驶！"安德烈亚宣布道。

现在你们在一艘宇宙飞船上。

托马索不得不打断老师说道："越来越起劲了！"

现在你们在一艘宇宙飞船上，速度是 280 000 千米 / 秒。

"我的妈呀！"贾科莫毫不掩饰地感叹道。他经常搞些小发明，所以也十分熟悉新一代交通工具的速度。

突然你们看到一束光超越了你们，而光速是 300 000 千米／秒，你们现在看到的光的传播速度是多少呢？

"行了吧！20 000 千米／秒。这个也太简单了。"

"毫无新意！"

"对，20 000 千米／秒。比刚才只是数字变大了而已。"

"老师，我们现在做什么？"

"他没赶上光的超速驾驶探测器吗？"

拉皮埃尔老师就像没听见似的，继续沉浸在深思中。就好像他还需要时间沉淀，好像不太认同现在应该做的事情。然后他下定了决心，说："你们要是能再给我点时间，我就接着念了，因为后面还有。"

同学们又照惯例嚷了几声，然后老师接着念下去。

请将答案写在纸上，并将纸钉在之前的告示栏上。我知道你们很喜欢挑战。

下次见，同学们。

U.P.

"老师，没有石头吗？"宝拉谨慎地问道。

拉皮埃尔对宝拉点点头以表示对她细心观察的肯定，然后伸手在黄色信封中摸索，于是在信封底部又找到了每次都不会缺席的石头。

U.P. 的游戏方式又回来了：问答、签名、石头和信息交换地点。

这让人舒了一口气！

冒险还在继续。

爱因斯坦的实验

这一切的背后真的是校长在主导吗？同学们决定让妮科尔来写答案，因为她最清楚怎么安排版式。此外他们还决定在下午之前再将答案纸钉到告示栏上，以防引起别人的议论。这样做也是因为 U.P.，也就是校长，可以在下午过半、学校关闭之后再过来拿走。

可是事情并没有像计划的那样发展：才过了两小时情况就有了新形势，而且或许正像众人期盼的那样。

有时候的确会有一些管不住的学生会在上课时申请出教室，要么为了在走廊里转几圈，要么就是跑向自动贩卖机。其实这是一种广为流传的策略，目的是躲开课间排队的人群，同时还能在不牺牲宝贵的十分钟休息时间的情况下买到零食。

第三节课是德语，当课上到一半时爱丽莎就采取了这种策略，她申请出教室。她在走廊里转悠了一会儿，像往常一样在头脑中重复着她构思出来的理由或者说是辩词——"这是为了老师好"，然后逐渐接近自动贩卖机。糟糕，安东尼奥先生也在自动贩卖机前。爱丽莎需要启动应急计划。不过不一会儿这个应急计划就变得没那么重要甚至用不上了，因为她看到贩卖机的插口上插着一个黄色的小钥匙，上面还挂着那把令人印象深刻的黑钥匙！就是那把他们在教室里捡到的钥匙！给钥匙拍照的不是别人，正是爱丽莎，所以她绝对没有记错。而就在此时此刻，这把钥匙却在校工手里！安东尼奥先生转过身看到了爱丽莎，向她露出了一贯的微笑，看起来似乎想要评论一下她逃课的行为。但随后他又转回头，盯着他的咖啡从贩卖机中流出。爱丽莎则看准了这个时机撤退，三步并作两步下了台阶，在走廊中狂奔，然后一头冲进了 2A 班。

破门而入的时候她还在张大嘴喘着粗气，但在看到德语老师的一刹那所有的话语都在来到嘴唇以前熄灭了。她能从喉咙中发出的叫喊声就只剩下一个"喔"，然后为了掩饰，她随口编了一句："喔……我好了，老师！"——还是最好别在麻烦人物面前讲刚才的事为好。

不过谁也不能阻挡爱丽莎偷偷低声给同学们传话。就这样，消息就从同桌一路传遍了整个班级，结果连老师都听到了。

"所以有可能就是他。"

"是真的！我也好几次看到他在贩卖机上买咖啡。"

"所以他买咖啡不是为自己买的，而是帮校长买的。"

"你们想说安东尼奥是幕后操纵者吗？"

"安东尼奥……是物理学家？他不就是个校工吗！"

"总之肯定是他在给校长买咖啡，这点没问题。"

"……很清楚。"

"你想说钥匙是他不小心丢在咱们班里了？"

"那 U.P. 这个名字怎么解释？好歹校长叫佩拉马蒂，跟 P 沾点儿关系，安东尼奥·比昂基这个名字就离谱了。"

爱因斯坦的实验

"得跟拉皮埃尔老师商量商量。"

德语老师试图控制住局面，但是犹如竹篮打水一场空，完全没有效果。同学们之间的传话愈演愈烈，但同时谜题的形势也越来越清晰了。

"别告诉我你们现在都在想着校工！如果说……侦探小说里的罪犯经常是管家，那我们这学校里就得是校工了？别逗了……"萨拉简单直白地说。

终于德语课结束，课间休息时间到了。贾科莫重新掀起了讨论，然后很快就得出了一个清晰的结论：他们得快点找到拉皮埃尔老师，然后再去找安东尼奥当面对质。要真是校工的话，他不能说谎的。大家信任他，那永远平和的态度，所以才根本不愿意去想象他就是神秘寄信人。与此同时，基娅拉又提出了另外一个观点。

"我们要不要先偷偷了解一下他的爱好和研究？他确实才来了没几年，可能是在我们上一年级时入职的。他看起来年纪也不小了，所以我想知道他在此之前是做什么工作的。"

"奇怪啦，基娅拉！"塞巴斯蒂亚诺总是喜欢开文字玩笑，尤其喜欢拿基娅拉的名字开玩笑，带着些许好感捉弄她，日复一日永不疲倦。

卢克雷齐娅清了清嗓子，插嘴提醒他们，说在此之前要先告诉拉皮埃尔老师。

这次大家又是派阿米尔去找老师，似乎阿米尔的透明感越来越弱了。

拉皮埃尔老师课间的时候正在走廊里，所以并不难找。阿米尔于是走上前向他讲述了事件的最新进展。老师惊讶得说不出话来，甚至连嘴里的一大口牛角面包都忘了咽下去。显然这个名字对于拉皮埃尔老师来说也来得猝不及防。

"你们就像上周一样，等一等明天再讨论。我需要一点时间来仔细思考，最好不要轻易作出什么结论。我们让这个惊人消息稍稍冷却一下，然后再思考后续步骤。这种情况下，等待是个正确的决定。你去告诉大家要有耐心，要理性分析。"

阿米尔回到班里，一板一眼地将老师的话复述了出来。在这次神秘事件之前谁都没想过要委托阿米尔做什么事，以前的他致力于自我隐形，永远跟在同学身后，脸甚至要埋进书包里，假装自己是书本。如今他却成了同学们的信使，甚至还小有成就。尽管同学们一致认可拉皮埃尔老师是个睿智的人，这一次他的决定却没能引起太多反响。等待永远那么煎熬，就像让雪崩刹车一样根本做不到。

第二天早上，2A班同学来到学校，做好了冲在一线颠覆历史的准备。走进教室之后，拉皮埃尔老师也看出学生们随时准备好应对问题了。

贾科莫迟到了几分钟。校工今天正忙着去各处递送一个新的全体通知，在确保了这一点之后，贾科莫偷偷潜入校工办公室，然后仔细查看了屋子里的每个角落，希望能找到什么蛛丝马迹，同时，时刻警惕着自己的行动不会被别人看到。他一开始没有找到任何重要的信息，但突然在一个书架上看到了一摞码放整齐的数学书和物理书。会不会是安东尼奥先生的呢？他怎么安排得这么细致的呢？他会不会真的可能对物理十分有研究，甚至能够用创新的形式展现出来呢？

进入教室后，贾科莫将刚才看到的东西跟同学们讲了。弗朗切斯科说他则是在网上查了一下"安东尼奥·比昂基"这个名字，然后一点点顺藤摸瓜，找到了一篇以前的地方报纸上刊登的文章，里面采访了一位热爱物理学的校工。

真是不可思议！

他们花费数日追踪的这个神秘人物，就好像是从那种讲述奇闻逸事的电影中走出来的一样。

"老师，我们现在相当能肯定了：U.P. 就是安东尼奥先生，对不对？"宝拉边说边看着周围人的眼睛以寻求认可。

全体一致回答说：就是这样。

现在只剩下一个决定要做了：怎么才能接近他并逼迫他承认呢？

在每部精心构思的侦探小说中，犯人最终的败露都会为调查人员带来一种任务顺利完成的自豪感。但在同学们这里，情况完全不一样。

这次更多的是对"犯人"的敬仰与尊重。

"我一直很喜欢跟安东尼奥聊天。我以前就觉得他是个特别的人。这次我也不想伤害他，反倒想给他庆祝一番。"卢克雷齐娅小声说，像往常一样十分注意遣词造句。或许正是因为她总抱有的不安感迫使她格外关注别人对她说的每一个词、对她做的每一个动作。

同学们就这个话题讨论了很久。

对拉皮埃尔老师来说，也很难再将这个集体引上其他的方向了。

又过了长长的一小时，经过几番斟酌和梳理，他们终于做出了决定。

他们决定等到下个星期四再实行他们的计划。

爱因斯坦的实验

第八章 意料之中的意料之外

事情发生在了安娜头上。在闹钟铃响起、母亲过来叫醒她之前，她正在迷迷糊糊地思考着即将到来的这一天。她本来还想在床上赖一会儿，尽管这几个星期里学校发生的事情已经让她养成习惯，每天都在同一时间睁开眼睛，就连星期日也不例外。母亲的喊声将她拉回现实。安娜一下子从床上坐起来，又迷糊了一下，然后思路逐渐清晰起来。现在她明白了自己在哪里，明白了今天不是星期日而是星期四，一个崭新的、很有可能是史无前例的一个星期四。不过这并没有任何困扰之处，去学校不再是件苦差事了，甚至完全变成了一件乐事。

早上 8 点 20 分，2A 班的教室门被敲响了。随着教室门的打开，安东尼奥的身影出现在了同学们眼前。有人叫他去找拉皮埃尔老师，说是有急事。他从敲门的第一声开始就有些担忧起来，现在终于忍不住了，开口问："发生了什么……"但就在这时，同学们在安德烈亚的带领下齐声喊了起来，淹没了校工的声音。

"U.P.！U.P.！U.P.！"安德烈亚用尽全身力气喊道，其他同学则如同之前一样在一旁发声助威。

然后是："你真棒！"

"太厉害了！"

"安东尼奥好样的！"

众人鼓起掌来，制造出一股集体狂热的氛围。教室墙上的另一端挂着一条横幅，上面用彩笔写着大大的"谢谢"，旁边还装饰着五彩星星的霓虹灯。接着女生组合接近安东尼奥先生，为他献上一块反射着多彩光芒的虹彩石。

校工先生表情上仍然挂着微笑，但同时也开心地摇晃着脑袋。他似乎并没有因为暴露身份而感到失望。全班洋溢着满意的喜悦之情。

"给我们讲讲吧，安东尼奥。你很享受对不对？"塞巴斯蒂亚诺趁着嘈杂声刚一落下就赶紧说。

"你有没有'共犯'？还是都是你自己一个人做的？"

"你的计划……完成了吗？我们不想在最有意思的地方打断你。"弗朗切斯科渴望知道真相。

校工安东尼奥一会儿看看左边，一会儿看看右边，不断感谢着同学们的热情，以极具个人风格的保守与严谨点着头。同学们一连串的发问在他重复了几次"先别急，我们马上就能解开所有谜题了"之后逐渐平复下来。

拉皮埃尔老师一直保持沉默，用心倾听，就像往常一样。他在观察每个人的表情、每个人的情感，彻底被这场不可思议的游戏征服，从头至尾他自己也乐在其中。

这时有一个人从教室后方举手，举手的方式十分显眼，尽管

　　　　　　　　　　爱因斯坦的实验

不是那种身体前倾、不惜一切代价也要让人看到的连肩膀都举起来的样子。弗朗切斯科因为身高出众，因此能轻而易举地在人群中被看到。

"我能试着梳理一下我们所有怀疑对象的故事吗？"他一边看着小记事本一边说，记事本上事无巨细地记录着所有他观察到的信息，就好像夏洛克·福尔摩斯本人现身了一样。然后他继续说起来，先陈述事实然后提出猜想，就好像没有当事人在场一样客观。安东尼奥非常认真地听着。

"一切都开始于一把勺子和一封画着几幅画的信，信中的签名是 U.P.。我们马上就怀疑这两个字母是人名的缩写。接着我们找到了一块石头，但当时不知道这到底是一条线索还是偶然出现在那里的。第一次讨论之后，我们排除了这位神秘人士就是学校内的某位成年人的假设，因为没有人的姓名缩写是 U.P.——前提是这两个字母真的是人名缩写的话。"

"然后我们想到了校长的姓是佩拉马蒂，但他的名字并不是'U'开头的，这点我们很清楚。"

"继续讲下去，福尔摩斯！你说的都对！我们有 P 但没有 U，问题就在这里。接着来，接着来……讲下去。"安德烈亚说，全班其他同学也都点头示意。

"我们的研究第一次受到冲击正是校工安东尼奥将一个新信封拿到我们班里来的时候。或许他真的不认识发件人是谁吗？总之在当时我们根本不可能想象到他就是那位神秘寄信人。我们接到的挑战都是关于物理学的，他怎么可能与之有关呢？因此嫌疑人身份再次被锁定到了拉皮埃尔老师身上。后来老师又带着我们上了几节课，对我们的提议进行了深入探讨，我们就更坚信拉皮埃尔老师就是我们要找的神秘人了。"

"你真厉害！"安德烈亚没办法保持安静。

"是的，弗朗切斯科……然后我们又怀疑了一阵子。但之后我们是怎么排除了他来着？"萨拉渴望需求答案。

"我们在告示栏上放出我们的回复之后，就像一开始的信息说的那样，关注了那条走廊上所有人的一举一动。这样得出的唯一结论就是，U.P. 不会在学校开门的时候行动，我们根本看不到他。"

"在我们研究光波的时候，拉皮埃尔老师还在怀疑对象的名单里，直到基娅拉直白地问他是不是 U.P. 之后，我们才相信他与此无关。尽管我们当中还是有人认为他至少是个同谋。"

"然后我们出场了，对不对？我和卡米拉让你们想一想女性人物。我知道我们最后也没猜对，但多亏了我们，宝拉才能想到 U.P. 实际上是个假名字，'一块石头'的意思，也就是神秘人物每次登场时都会出现的东西。你们必须承认，我们女生贡献很大！"

弗朗切斯科再次接过话来，像开始时一样严肃。

"没错，多谢。现在我开始对我的发言进行总结。你们还记得找到钥匙的时候吗？那是真正颠覆我们怀疑对象的事件，至少让我们在几天的时间里相信汽车的车主和地上捡到的自动贩卖机小钥匙的所有者，也就是校长，才是幕后策划人。"

"哇，瞧你这些词用的！很荣幸认识你。"安德烈亚打断了他，郑重地对着这位好朋友鞠了一躬，弗朗切斯科则只是轻轻地摇了摇头，并向他微笑作为回应。然后安德烈亚又对着安东尼奥做了同样的动作。

"但惊喜没有到此为止，因为爱丽莎在一天早上偶然发现我们找到的钥匙实际上经常握在校工安东尼奥手上，因为他经常要给校长买咖啡。"

"真棒，爱丽莎！你是我们的记者同志！"彼得罗感叹道，然后其他同学也附和着说："真棒！"

"我们并不太相信这一点，"弗朗切斯科接着说，"因为我们没法相信校工是一位物理学家。"

"安东尼奥，抱歉了，但谁又能想到呢？！从哪个角度讲你都是被排除在外的。高，实在是高！"安德烈亚说，安东尼奥则保持沉默，和蔼地摇了摇头。

"后来，贾科莫在校工办公室看到的书和我在网上找出的文章打消了我们的疑虑，然后我们就到了现在这一步了。"弗朗切斯科说。

爱因斯坦的实验

"这是高明的，校工！"安德烈亚总结说，引起全体的掌声。

弗朗切斯科感到十分满足，尽管他只是将目光从人群中央转移到了校工身上。

"抱歉，安东尼奥，我还有个疑问。你是真的不小心丢了钥匙，还是有意为之的呢？"

"你真是个合格的侦探，弗朗切斯科。我十分欣赏。"安东尼奥先生回应道。现在轮到他来总结了。

"我承认钥匙也是我有意扔在那里的，为了小小地迷惑你们一下。但我忽略咖啡这件事了。"

然后他接着讲了下去。

"不过现在，在讲述真相之前，我要感谢你们对我表示的欢迎。我给了你们惊喜，你们同样也给了我惊喜。有时间的话我会给你们讲一讲我的故事。但现在我只想告诉你们两件事。第一件事是，我真的很喜欢阅读和学习，我沉浸在科学的世界，尤其是沉浸物理学里已经有些年头了，你们也发现了。我凭兴趣上了一些课程，将书本反复阅读，反复进行思考，热爱着学到的每一个新知识。我们每天日常生活中都会遇到很多物理学现象，这些新知识总能帮助我找到这些现象背后隐藏的道理。第二件事，我从很久以前就开始策划这场挑战了。或许我一开始应该先跟你们老师商量商量，反正他一定会支持我的，但后来我还是觉得从头至尾保持绝对的神秘会让挑战更有意思。"

"没错，同学们，我也毫不知情。完全没有头绪，"老师发誓说，"但我向你们保证，我也乐在其中！"

"我将赌注押在了你们老师身上，然后你们也看到了，他没让我们失望，毫无保留地全程参与。"

"而且他也没怀疑过是你！"

教室中此时的沉默说明了一切。

"我们达到你计划的终点了吗，安东尼奥？"拉皮埃尔老师这样问，但其实他心里十分清楚这个问题的答案。

"还没有呢，"加布里埃莱预知了他的回答，"我们还没把所有拼图碎片拼在一起。我们确实有了一些想法……但肯定还缺点东西。"

"如果你们愿意的话，"安东尼奥继续说，"如果你们老师也愿意的话，我可以继续帮你们走完整段挑战的旅程。我都准备好了，而且反而非常渴望能够进行到历史的英雄——爱因斯坦出场。完成之后我就会去向校长坦白一切，实际上这几天我已经悄悄暗示过他了。之前我没有告诉他，是为了不让计划破灭。"

拉皮埃尔听完马上表示他愿意协助。他此时对安东尼奥露出了敬佩的眼神，这种眼神在此之前只有在课程进展顺利的时候对他的学生们流露过。

"哎，不行不行。现在你不能再糊弄我们了。你刚才讲得太潦草了，得跟我们坦白更多才行，你为什么要用 U.P. 作签名？这和'一块石头'到底有没有关系？"彼得罗坚定地打断他说。这个问题是当时全班同学都迫切想要知道的。

但是没有办法，同学们收获到的唯一的一个回答就是一个梦幻的微笑。

神奇的是，有的时候对一个人的善意、敬佩与信任能够让人顺从地接受对方的选择。在那一时刻，似乎同学们唯一能够想到的就是："他现在微笑不语，说明他有自己的理由。现在还不是揭晓答案的时刻。"

安东尼奥先生就这样给同学们讲起了课。他要在课上将所有碎片拼凑在一起。这些碎片本身每个都十分有含金量，拼凑在一起之后一定会比简单的加总更有重量。

"好的，同学们。"校工作了一个开场白，"我得承认站在讲台这一边还挺让人不好意思的。"

"得了吧，安东尼奥，别这么说！"安德烈亚似乎并不想听任何辩解。

"同学们，咱们要保持安静，不要随便打断他说话，谢谢。"拉皮埃尔老师提醒说，但其实他似乎才是急切想要上一堂不同寻常的"物理课"的人。校工十分激动，调了调气息，继续讲。

"那么作为引入，我们得先澄清一些关于光速的事情。啊……顺便说，进班之前我看了一眼告示栏。"然后说着他从兜里掏出了妮科尔前一天钉在告示栏上的纸，放在了讲台上。

"哎，安东尼奥，这次的太简单了！"塞巴斯蒂亚诺插嘴说，"就是简单的减法题嘛。"

其他同学们也都表示同意。

"……同学们，让你们失望了，但我这次要向你们宣布，你们错了。正确答案不是 20 000，而是 300 000 千米/秒。"

教室里先是一阵沉默，然后逐渐有了窃窃私语的声音。萨拉首先站出来反驳："这不可能……肯定有问题！之前的文字里是这样说：现在你们在一艘宇宙飞船上，速度是 280 000 千米/秒。突然你们看到一束光超越了你们，因为光速是 300 000 千米/秒。你们现在看到的光的传播速度是多少呢？这和前面两辆汽车的例子没有区别，算一下速度差就行了，300 000 减 280 000 就得 20 000，不可能是我们错了！"

"没错！"其他同学也异口同声地附和。

然而，安东尼奥此时表现出的坚定神态让同学们意识到，看起来这么普通的问题一定不可能有这么简单的答案。

"你们容我解释，"校工接过话来，"我在这里要求你们思考的其实是个非常困难的问题。你们现在试着跟上我说的，但不要用日常生活中的经验作概念转换。我现在要给你们讲的内容重点在于，事实其实不一定和表面看到的对应。在有些情况里，我们所谓的'物理学定律'，也就是用来解释我们身边日常现象，比如物体位移、电磁作用这种现象的定律，会表现得和我们日常看到的完全不同。"

"因此我现在请你们清理一下思维的空间，然后我们一起试图重现一下 1887 年阿尔伯特·亚伯拉罕·迈克尔孙（Albert Abraham Michelson）与爱德华·莫雷（Edward Morley）的发现。"

"阿什么亚什么罕？"安德烈亚问，引起全班哄笑。

"你还是老样子。"卡米拉一语中的。

"可是安东尼奥，为什么我们一定要谈到这两个人的实验呢？他们是谁？不是要讲到爱因斯坦吗？"

"迈克尔孙-莫雷实验，"安东尼奥在同学们稍微安静下来之后继续说，"这是十分关键的一环，爱因斯坦在不到二十年之后正是因为有了这个实验才提出了我们现在所谓的'相对论'的理论。这个实验证明了一个可能在你们看起来十分矛盾的结论：光速不会因为参考系的改变而改变。"

"参考系是什么意思？"基娅拉和弗朗切斯科异口同声地问到。

"参考系简单来说就是……一个观察者，一个观察现象并进行测量的人。观察者相对于观察物来说可以是静止的也可以是运动的。"

"现在讲的这些让我想起了最开始无限长的火车的例子。"卢克雷齐娅慎重地说。

"你联想得很对。"安东尼奥对她微笑着说，"实际上我在那个例子里面就是想要跟你们探讨参考系的问题。一辆行驶中的列车对于地面上的观察者来说是运动的，但对于乘客来说看起来却是'静止'的。总之，现在就是：同样的现象，不同的结论。但精彩的正是这一点：光的行为不太一样。"

"迈克尔孙和莫雷其实想用那个实验验证其他的理论，并没有想过要测光速。他们想验证的是一种看不见的物质'以太'的存在，因为根据当时的一些科学家所说，以太弥漫在宇宙空间中。本着这个目的，他们设计了一个基于光波干涉现象的实验。"

"你们知道地球总在自转，对不对？"

2A 班的所有学生几乎都回答说知道。

"但或许你们从没有想过地球自转的速度是多少。这一点也挺重要的，因为我们也在跟着地球自转。"

"这是什么意思，安东尼奥？说明我们像在一个旋转木马的表面上一样吗？"加布里埃莱打断他说。

"不，不是！你说什么呢？"贾科莫马上反击，"你去坐过旋转木马吗？！要真是这样我们肯定能感觉到，我们会因为向心力的作用一直摔跤的。"他说出这句话时带着十足的自信心。毕竟他在自己的"秘密"实验室里做过相当多的实验……

"很抱歉，但我必须反对你的观点，贾科莫，"安东尼奥接着说，"你说的基本正确，但你忘记了一个重要的细节。坐上旋转木马之后，相对于地球来说你也会开始旋转，但相对于旋转木马本身来说你还是'静止'的。但地球作为一颗行星是围绕自己穿过两极的轴心在像陀螺一样自转的。我们跟着地球一起旋转，山山水水都按照这种形式一起旋转，所以我们才感受不到。"

"所以我们的旋转速度是多少？"安德烈亚被激起了好奇心。

"答案很有趣，地球表面上不是每个点都有相同的旋转速度。你们想象一下篮球明星勒布朗·詹姆斯（Lebron James）高兴的时候在指尖上旋转篮球的场景。接近于手指表面上的点和接近于另一端上的点基本是静止的。离两极越远，速度就越快。地球也是如此。地球两极的旋转速度趋近于 0，但赤道附近的旋转速度就很快，因为赤道是距离两极最远的一道纬线。

比如说，刚果、印度尼西亚或者是巴西南部这三个地方都在赤道线附近，它们旋转速度大约是每小时 1680 千米。"

"什么？！"

"不可能，这也太快了！！"

"比飞机还快吗！"

惊讶的议论声层层迭出。

"我保证真的是这样的！你们可以思考一下这个简单的练习题，让拉皮埃尔老师带着你们一起做，看看我说的是不是有道理。"

"你们需要用到的数据只有这几个：地球的周长大约是 6378 千米，地球完成一次自转需要大约 24 小时。"

"可这样我们就又回到刚才说的了。"

"意大利大概位于赤道线与北极的中间，这一带的旋转速度大约是每小时1180千米。这个数字也很大，是不是？但现在请允许我给你们解释一下，这一点为什么和迈克尔孙-莫雷实验相关。"

"显然我不会讲得太细。总之，这两位科学家当初想要研究两道垂直于彼此的光会产生什么样的干涉现象。"

"第一束光（我们姑且称之为A）与赤道线平行，因此与地球的自转方向平行；第二束光，称之为B，则指向极点。在这些条件下，迈克尔孙和莫雷观察到了某种干涉现象。你们还记得穿过小空隙的激光会投影出同心圆图形的事情吗？两位科学家看到的就是这个结果。"

"然后好戏开始了……"

"二人又重复了一次实验，这次只是简单地将整个实验器材偏转了几度。如果光的运动行为可以由'经典'的运动原理预测的话，那么就应该像同向或反向行驶的两辆汽车一样，地球自转的效果会改变两束光的轨迹，从而制造出与之前稍有不同的干涉效果，也就是与之前半径不同的同心圆图形。"

同学们仔细聆听，不漏过任何一个字。随着安东尼奥先生在物理学话题上越讲越深，他之前的不自在也逐渐被热忱取代了。校工看起来被这个内容深深吸引，从目光里就能看出来，声音更是充满热情。拉皮埃尔老师一直保持着沉默，在心中惊讶地一再感慨，2A 班的学生竟然能保持如此的安静，沉浸在一个意料之外的老师的话语中，任由他表达自己对物理学的热爱。

"结果却是……什么也没有改变！干涉图形和之前一模一样！"

"嗨，这有什么稀奇的？"宝拉略带失望地问。

"我知道对于第一次听说的人来说这个结果似乎没什么意义。"安东尼奥早有准备地回答说，他显然知道肯定会有人是这种反应，"但两位科学家做出的这个发现有十分重大的意义。出于某种特殊的理由，光似乎'不在乎'地球的自转。不论测量的参考系是什么，光都会以同样的速度传播，也就是每秒 300 000 千米。如果不是这样，两位物理学家就会必然测得半径不同的干涉图像，就像我跟你们说的那样，但事实并不是如此。"

"我明白了！"卢克雷齐娅激动地说，"所以你刚才才说就算是以每秒 280 000 千米行驶的宇宙飞船也会看到光以每秒 300 000 千米传播。不论是谁在观察，光的传播速度永远不变！"

"没错！"安东尼奥表扬了她。

慢慢地，就连平常总是保持怀疑态度的同学也都习惯了这种奇怪的设定。不过加布里埃莱还是受到他平时严谨的数学和科学素养驱使，提出了最后一点质疑："但是还有一点我没想明白，安东尼奥。速度是由运动经过的空间距离除以所耗时间计算得来的。如果有两位观察者他们彼此之间有相对运动……我们怎么确定他们在同样的时间里'观察'到光运动了相同的距离呢？他们看到的肯定是不同的距离啊！"

"这个问题相当重要！"校工激动地说，露出了一个巨大的微笑，同时拉皮埃尔老师也做出了同样的表情，之前他一直沉默地坐在教室最后面的位置。"一会儿就会揭晓答案了，等我们说到爱因斯坦的时候。我们现在暂时止步于这种解答方式，然后关于迈克尔孙和莫雷的部分就可以了结了：如果两个观察者之间有相对运动，而且逐渐加速到光速的话，那么这两个人就会有不同的'空间'和'时间'感知。"

接下来的一步直接提到了大家已经翘首期盼的那个名字：阿尔伯特·爱因斯坦（Albert Einstein）。安东尼奥的表情中洋溢出了能够感染听众的激动之情。他说，一张爱因斯坦的照片就足以打动他了，他还专门剪下了一张，折起来收藏在了钱包里。

全班同学都见过这张照片。照片上的肖像有趣又调皮，除了"天才"没有什么更好的形容方式了。在这张已经满是折痕的纸的背面写着几句话，这几句话来自于 1915 年 36 岁的爱因斯坦写给儿子的一封信。当时他的儿子和母亲一起居住在维也纳，爱因斯坦与这位女人已经分手了。

这些天我终于完成了我一生中最重要的几项研究，等你长大了我就会讲给你听（……）

关于钢琴，就算你的老师不让你这样做，你也可以尽管弹你喜欢的曲子。这是学习的最好方式，你会发现你是如此投入，甚至注意不到时间的流逝。有的时候我也会沉浸在工作中，甚至忘了吃午饭。

安东尼奥说，这张照片反映出了爱因斯坦不仅学术素养高、为人正直，还有着与众不同的性格。他经常穿着比自己身形大几号的毛衣，卷着裤腿，踏着拖鞋，头发乱蓬蓬的，白色的大胡子也不打理。这封信表明了他对物理的热爱。安东尼奥自然而然地被打动了，他告诉一直认真倾听、恨不得连眼睛都用来听讲的同学们，爱因斯坦是那种能够让你脱离现实世界，全身心投入于揭秘世界的研究中的人。他先是受到爱因斯坦这个人的吸引，然后

又被他的理论折服。关于爱因斯坦的理论还要换一个时间再讲，他不想让同学们感到无聊。

但同学们一致要求他讲下去，他们愿意接着听，愿意安东尼奥先生继续与他们互动。

所以拉皮埃尔老师同意，星期五可以再见一次。

这个消息成了当日头条新闻：校工安东尼奥就是那个"犯人"。

"他是一位物理学专家，什么都知道，关于科学他都知道。"萨拉强调说，同时还夸张地手舞足蹈。

自然而然地，消息也传到了校长那里，但他并没有评论什么。谁也不知道校长是随着事件的进展一点一点地获取消息，还是早就知道一切但选择了沉默，以便不会影响这一系列让他感到深深自豪的事件。

迈克尔孙-莫雷实验

作者	迈克尔孙-莫雷
年代	1887 年
地点	美国俄亥俄州克利夫兰市凯斯西储大学
概述	证明"以太"存在。实验的初衷是测量光在相对于以太的不同方向上传播时的不同速度。

想象我们正坐在一辆行驶在无人高速路上的汽车里。我们现在的速度是每小时 100 千米。如果我们这时试着将手伸出车窗，手上马上就能感受到一股与汽车行驶方向相反的强大力量。汽车行驶空间中的介质，也就是这里的空气，会对运动产生一个阻力，我们在手上感受到的就是风以每小时 100 千米的速度作用的压力。然后我们现在从汽车上转移到一个巨大的球体上，这个球体在宇宙中以 106 000 千米／秒的速度移动。我们其实都不用去想象这个场景，因为此时此刻当你在阅读这段文字的时候，你实际上就在宇宙中以这个惊人的速度移动着！

如果说把手伸出时速 100 千米的汽车车窗我们都能感受到强大的作用力，那我们怎么可能根本注意不到我们现在在以这么疯狂的速度移动呢？这两个情景的差别就在于，在后者中，我们所处的环境也在跟着地球一起以同样的速度移动，因此我们不会感受到来自空气的阻力。

光也如此，当光在以 300 000 千米／秒的速度传播时，应该也会遇到运动阻力。或者说至少 19 世纪的所有科学家都认为是这样的，他们猜想有一种介质弥漫在全宇宙中，也就是我们说的"以太"。所有人都毫不怀疑地相信光的传播也需要某种介质，就像声音的传播需要借助空气中的分子运动一样，光当然也应该如此，所以才假设出光的介质是以太。当时的科学家们认为，就像宇宙中其他物体运动一样，光在传播过程中也会受到"以太风"

带给它的反向作用力，就像我们将手伸出车窗外或是在骑自行车时感受到的风一样。地球在围绕太阳公转时也应该受到一股每秒30千米的"以太风"，光也应当如此。迈克尔孙和莫雷于是决定要验证一下这种"以太风"的作用。

他们设计实验是想验证一下光在与"以太风"平行方向上传播时，和在与之垂直方向上传播时的速度有何不同。原理很简单：我们可以设想一个游泳的人，这个人在河里逆流而上时的速度和他在横穿河流从一个岸边到达另一个岸边时的速度肯定不一样。在这个例子里，我们可以预测出结果一定是逆流游泳的速度一定会比过河时的慢。迈克尔孙和莫雷要做的就是这么一个实验，只不过把游泳者换成光，把河流换成以太。

实验中，他们将一束激光投射到一面半反射镜上，半反射镜将激光分成路径彼此平行的两束，其中一束与"以太风"同向，另一束则与"以太风"平行。最后这两束光再次被收束到一起，汇聚在一个屏幕上，投影出干涉图形（我们已经看到这种干涉图形就像两道波交叠时形成的那样）。

如果我们现在将实验器械旋转90度，那么两道光路相对于"以太风"的方向就会被倒转，不再与第一支平行，反而与第二支平行。这样一来按道理说应该会改变干涉波纹的位置才对，原先明亮的圆环会变暗，暗淡的圆环则会变明亮。

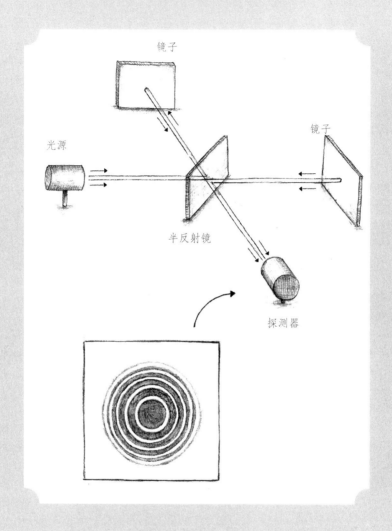

镜子

光源

镜子

半反射镜

探测器

　　但实际上的实验结果相当出人意料：旋转实验器械之后，干涉波纹相较之前没有任何变化。这一结果震惊了当时的整个科学界，成为历史上"最失败"的一个实验。直到爱因斯坦的相对论理论问世，这个实验结果才真正得到了解答。

第九章　时间与空间你追我赶

按照约定，安东尼奥再次进入 2A 班为同学们讲最后一课。

"我需要你们跟着我一步一步思考，因为在集中解释爱因斯坦的实验结果以前，我希望你们首先能理解我接下来要讲的东西，只有这样你们才更能感受到爱因斯坦的天才之处。"

"哎，对不起，我亲爱的安东尼奥！你先讲讲你自己的事情吧。我们想知道你上过什么学校，为什么明明这么厉害却不去当老师……"弗朗切斯科问，此前他已经在聊天群里和全班同学都讨论过这些问题了。

"我的故事和很多人的一样，"安东尼奥并不觉得讲述自己的事情有何不妥，"我的父母经营着一家餐厅，现在也小有名气。"

"哪家，哪家？我们想知道全名！"彼得罗问。

"等一等，同学们，别太夸张了。先听他讲。"

"我是个独生子，父母一直希望我长大后能当一名厨师，甚至都没想过其他选项。一家历经千辛万苦才成名的餐厅怎么能不考虑延续它的历史呢？怎么可能不由自己的儿子继承呢？这就是他们当年的梦想，但并不是我的梦想。我热爱科学和数学，擅长解决几何问题。我做饭其实也不差，可能正因为如此我父母才没注意到我真正的理想，所以也从没鼓励过我为了真正的理想而奋斗。总之，我上了酒店管理相关的职业高中，然后开始在餐厅工作。"

"你的拿手菜是不是玻色子意大利面？"

"这倒没有，但我确实给餐厅改了名字，改成了'夸克之味'。我还让人在餐厅的墙面上写上一些基本的物理公式，画上一些示意图、人物肖像、报刊文章作为装饰。我甚至邀请了国际科学界的一些名人来参加主题晚餐。总之我觉得我干得不错。"

"看来物理学是你的真爱了……"安德烈亚说这句话时就像是在唱歌一样，但被拉皮埃尔老师及时制止了。

"你那时高兴吗？"卢克雷齐娅大着胆子问。安东尼奥垂下眼睛，稍稍停顿了一下，然后接着讲。

"你知道吗，卢克雷齐娅，直到现在我每个周末也都会去餐厅打工，但现在餐厅是由之前的一位员工在经营管理的。这份工作永远为我保留着，但我的梦想永远不在于此。"这句坦白的话抓住了所有人的注意力，特别是那些与校工安东尼奥深有同感的学生。"我那时在不清楚状况的情况下就已经站在了锅碗炉灶之间，好像是被一股看不见的漩涡所席卷，又或者是我并不想面对为什么我一定要接受这个会消耗我大量精力的工作这个问题。我的父母已经为我安排好了一切，早就铺好了路，我只要跟着走就行了。但同时我也在阅读物理书，渴望深入探索，羡慕那些有条件真正做物理学研究的人。四十七岁的时候，我注册了大学物理学系的本科课程，用尽每一分每一秒的自由时间，凭借热情与兴趣来学习物理。那时我年纪已经挺大的了，而且……"

"老，我们用'老'这个词来形容！"安德烈亚说，但不为了搞笑，而是为了化解一下现在五味杂陈的紧张气氛。

"成熟，我觉得这个词更好。"安东尼奥也笑了，"我仔细思考了很多年，一开始的时候还抱着试试看的心态，后来就越来越坚定。当然了，我用了八年的时间才写成我的毕业论文，但总之我做到了。我这时候开始教书已经太晚了，但我仍然有空闲时间来倾注在我真正的兴趣上。我真诚地想要用尽一切办法来感染像你们一样在科学领域有天分的学生们，我觉得我一定要这样做。两年前我顺利取得了这个校工的职位，然后今天我就站在这里了。"

"真是个好故事！"卡米拉胳膊肘挂着课桌、两手托腮、目光向上，感叹道。

"有的时候计划不一定能适应时代的发展，只有边走边探索才能发现新的道路。我的例子就是这样，这就是几乎全部的故事了。我想要找回之前浪费的时间，我想要遇到像你们一样的年轻人，想要用我对科学的热情感染你们这样的年轻人。"

安东尼奥说这段话之前教室里一片寂静，接着有人开始慢慢鼓掌，鼓掌声音几乎弱到听不见，但逐渐地另外一些人也悄悄加入，直到最后全班都被雷鸣般的掌声淹没。

安东尼奥和同学们之间的距离一下被拉近了，想要将话题从这种敞开心扉的气氛中拉回来并不容易。安东尼奥趁着掌声减弱的时候试着制造了一个间隙，跟同学们说现在可以回到爱因斯坦的话题上来，爱因斯坦比自己要有趣得多。然后他开始重新梳理他们一起走过的每一个环节。

"好，我们的旅程的开头有些奇怪，从伽利略不变性原理开始，然后过渡到了光速的测量，最后谈到了迈克尔孙-莫雷实验，说到这个实验的结果有很长时间都没能得到解答。"

"你们可以试着想象一下，这个实验在那个年代引起了多大的热潮，引起了多少新研究、新实验和新猜想。时间来到二十世纪初，对于这个实验的辩论在学界变得无与伦比的重要。科学家们不知疲倦地不断讨论、相互质疑，但没人能够真正解释为什么所有测量光速的实验都会得到同一个结果，为什么不论是与观察者移动方向同向还是反向，测得的光速都不变。总之，实验中发生的都与我们日常生活经验完全相反，这一点我们已经在火车的例子中思考过了。实验中发生的事情与历史上最有名的科学家之一——伽利略主张的物理学定律相反。是不是哪里搞错了呢？一开始大家都认为一定是实验哪里出问题了，但随着时间的推进，很多学者分别在不同的地点上试着重复过这个实验，但不管怎么样测试结果都不变：无论是相互交错追赶的两道光，还是彼此逐渐分离的两道光，光速都是 300 000 千米 / 秒。"

"这个事情没那么容易接受也没那么好解释。我有时候很愿意这样想：如果我出现在当时的场景中会怎么样？如果我也参与了讨论会怎么样？我觉得我自己肯定也是怀疑实验准确性的大多数人之一。"宝拉若有所思地评论说。

"当然了，宝拉，一点都不容易。多年以来，物理学家一直在试图讨论出一个解释，甚至提出了很多古怪的猜想。接着爱因斯坦就登场了，他提出了一个相当难以置信的想法，但经受了时间的见证，这个想法也逐渐被证实了。"

"你们听一听他怎么想的。爱因斯坦先假设，也就是不加以验证直接认定，光速（在真空中）的传播速度是恒定的，与参考系无关。对于爱因斯坦来说，光速是一个常数，就像电子的质量或电荷一样。你们要是联想最初了解到的线索和给出的答案，这个想法一定看起来相当疯狂！"

"那是肯定的，安东尼奥，真是太疯狂了。可是我也能理解，也不知道是为什么……"安德烈亚假装提出质疑，但实际上质疑背后又藏着肯定。安东尼奥开心地笑过之后接着讲起来。

"速度不可能是常数，因为速度永远取决于测量者所取的参考系！爱因斯坦则不这么认为，而是将这个荒谬的假设作为他新理论的基础。"

"但这样岂不是太容易了！"贾科莫被这个极其特殊的定论搅得心神不宁，"这样没办法真正解决问题，因为他没解释光速为什么是个常数！"

"哎，你说得对，"安东尼奥先生接过话来，"不过他的假设是有推论的。其实如果我们真的从荒谬的假设出发的话，得出的结果也一定是矛盾的。于是爱因斯坦的理论得出的推论也都十分矛盾、难以理解。其中最奇怪的是时空的关系了，这两个概念在我们的认知里本来无可置疑，但在爱因斯坦的相对论理论里被完全颠覆了。"

"具体来说，假设光速是个常数就意味着时空之间可以根据周围环境而'相互转换'。爱因斯坦理论最直接的结果——你们坐稳了——包括：'长度收缩'和'时间膨胀'。我们运动的速度越快，对于一个相对于我们静止的观察者来说，我们的空间就会越小，时间就会延长。换句话说，观察者测量出的结果与运动中的我们自己测量出的结果相比，空间距离更短，时间更长。你们觉得这有可能吗？"

"就像是在说 10 千米可以被测量成 5 千米，1 分钟也可以是 1 小时？我没理解错吧？！"贾科莫没听漏安东尼奥说的任何一个字。

宝拉说："哎，我经历过。我和我爸爸爬山的时候，边聊天边向着山顶驿站走，那时候我就没注意到其实已经走了很远，三千米感觉起来就像两千米一样。"

"我也是，我和喜欢的人在一起的时候感觉时间过得飞快。哦不对，这里正好相反。对我来说时间变快了。"安德烈亚试图解释的时候安娜垂下目光，想要掩藏通红的脸颊。

安东尼奥没放过任何一个细节："对，有点像这种的。但是在你们举的例子里，你们说的是对时间和空间的主观感觉，只有在你们的头脑中才会发生。爱因斯坦想的则是，空间的收缩和时间的延长都是实际发生的、可验证的、可以用实验测量或描述出来的。"

"当然我在每次讲这件事或者思考这个理论的时候我也会觉得十分荒谬。现在我试着给你们讲一下这个理论的全貌。实际上爱因斯坦解释的是，请允许我再重复一遍，相对于使用同样长度和时间计量单位的处于静止状态的我们来说，物体在移动的时候会变小，钟表在移动的时候会减慢计时的速度。"

"这是思想实验，爱因斯坦！"贾科莫带着明显自豪的语气说。

十七张面孔盯着安东尼奥，混杂着不可思议、惊异与敬畏的神情。不难想象他们正在异想天开地用自己的方式阐释着时间膨胀、空间改变的想法。

"你们的表情告诉我这些事情看起来简直不可能发生。"安东尼奥继续说，"我能理解你们。凭直觉相信这样一种原理不容易，然而爱因斯坦揭示的现象已经被之后的无数实验研究证实了。"

"抱歉，安东尼奥，反正我从来没见过有哪个教室会自己变小的。每天大小都是一样的。"妮科尔不放过任何一个质疑的机会。

"他说的是，在物体移动的时候……"阿米尔不小心说出了声，不同以往的胆小害羞。就好像每次同学们打断安东尼奥说话他都会不高兴，只想继续听他解释，继续思考。安东尼奥讲的东西在他的脑海里深深地扎了根，他正在努力将所有思想串联起来，不希望被转移注意力，不然还得从头开始。

"当然，"校工继续说，"你们很有理由质疑，我们为什么平时看不到空间或物体变短变小，就像妮科尔说的那样。但阿米尔说得对，我们看不到是因为要想观察到这个现象必须让物体移动起来。而且不仅如此，移动速度必须非常快才行，比我们能想象的最快速度还要快。在我们平时习惯的速度范围里，空间的收缩现象会非常非常弱，根本不能用肉眼观察出来。必须要以快得多的速度移动才行。比如说，如果我们以 150 000 千米/秒的速度扔出一个球，我们就会看到它缩小了 25%；要是速度达到了 300 000 千米/秒的话，这个现象就会更明显，缩得更小，也许只剩下原来大小的四分之一！请允许我给你们举一个更具体的例子，这样或许你们可以更好地理解这个概念。我要讲的是一个撑竿跳高运动员的故事。"

"来吧，讲吧，安东尼奥。我们喜欢听故事。"卡米拉做好了听故事的准备。

"一个撑竿跳高运动员天赋异禀，而且坚持训练。他握竿握得非常紧，谁都不能让他松手，而且就连握竿的那只胳膊也不会动一分一毫。他在助跑的过程中会经过一个小房子，房子有两道门，一道是入口，一道是出口，两扇大门都是敞开的。起跑前，他将撑竿放在了小房子的旁边，测量出撑竿的长度是小房子长度的整两倍。然后他开始助跑。他跑的速度相当快，几乎接近于光速，保持匀速前进。小房子的前门和后门都是开着的，所以这名运动员穿过小房子时无须减速。"

"我听着呢，没错我听着呢。我能看到这名跳高运动员、撑竿和小房子。接着讲！我喜欢这个故事。"

"好的，安德烈亚。我们接着想象这个场景。现在我们在小房子的出口处，这时我们能看到什么？运动员正在以不可思议的速度向我们冲来，然后根据'长度收缩'的原理，我们会看到他手中的撑竿……跟小房子一样长！也就是说，撑竿变短了，能完全放进小房子里！"

"我脑子冒烟了。"托马索忍不住评论说，引来一些笑声，其中包括妮科尔、弗朗切斯科和萨拉。

安东尼奥继续说："事情还没有结束，托马索！现在我们来假设我们自己就是那个撑竿跳高运动员。我们现在看到的是什么？我们的面前是那个小房子，我们正在以极高的速度接近它，但这时这个小房子的长度变成了撑竿的四分之一长，这时候对于我们来说（现在我们处于运动员的参考系中），变小的是这个小房子，而不是撑竿。"

短暂的沉默之后，校工总结说："所有这一切并不相悖……"

外界视角

240 000 千米 / 秒

撑竿跳高运动员视角

240 000 千米 / 秒

爱因斯坦的实验

2A 班同学们的表情里一半是难以置信，一半是迷惑抗拒。

"你们感觉奇怪是很正常的，"安东尼奥接着讲，"但事情的原理就是这样。"

"时间方面的改变你们也会觉得很奇怪的。我会试着用一个简单的例子给你们讲明白。根据爱因斯坦的相对论，如果我们观察一个相对于我们处于运动状态的人，这个人在阅读报纸，那么他看报纸的耗时在他的表上测得的数据和我们用自己的表测得的数据就会是不一样的。比如说，他的手表测出了 5 分钟，但我们测量出的时间一定要比 5 分钟更长。也就是说，他的时间膨胀了。"

"那为什么在运动的状态里表的计时就会变慢呢？"卢克雷齐娅问。

"这是爱因斯坦的实验！"安德烈亚再次感叹说，"这个跟德语课老师上课的道理一模一样！"全班哄笑了几秒，然后再次回归到正题上。

"哎，其实还有一个问题我们需要想到。其实这个例子里涉及的速度也应该是一个极高的速度，这样我们才能观测到这个现象。假设我们的手表上有一个指针，一秒钟走一下。然后我们想象让这个手表以 150 000 千米/秒的速度运动，那么现在它的指针就会变成每 1.25 秒走一下；如果我们让它以 250 000 千米/秒的速度走的话，那指针就会变成每 2 秒走一下，以此类推。"

"抱歉，安东尼奥，"塞巴斯蒂亚诺打断了他，他也没放过安东尼奥解释中的任何一个字，"除了我觉得这一切都不可能以外，我想问的是，这难道不是没意义的讨论吗？或者换句话说，现实中我们根本不可能达到这里所说的速度，这些根本就是天文数字。"

安东尼奥实际上正在等待这个问题，他早已准备好了答案。

"对于物理学家来说这个理论非常有意义，因为就算我们达不到这么快的速度，对于一些粒子来说这些速度却是正常值。比如说 μ 子，可能你们从来没听说过，但细节并不重要，重要的是这种粒子非常小，运动速度非常快，能达到光速的 99.92%，出于简化目的我们可以说这种粒子就是在以光速运动。"

"关于 μ 子我们要知道的另一件事情是，这种粒子产生于高层大气中的宇宙辐射，大约在我们头顶的 15 千米的位置上。不过 μ 子十分不幸，因为它们在衰变，也就是转变形态变成其他粒子之前的'寿命'其实很短，平均只有 0.000002 秒，也就是 2 微秒。因此，就算是它的运动速度极快，它也根本无法到达地球表面。如果我们以光速计算的话，0.000002 秒的时间里 μ 子只能移动 660 米，跟穿越整个大气层到达地面所需的 15 千米的距离相比相去甚远。"

加布里埃莱大声说道："所以至今没有任何一个 μ 子到达过地球表面，是不是？"

"其实不是，因为从我开始跟你们说话算起，你们的身体已经被至少 5000 个 μ 子穿过了！"

"真的吗？"

"唔……"

"我不相信。"

"这就太夸张了！"

"怎么可能呢？"

"我们慢慢来梳理一下。我们需要思考一下刚才说的'时间膨胀'问题。如果一个物体以极高的速度移动，我们就会看到它的表比我们走得慢。一个 μ 子以极高速运行，它的时间就会比我们的慢得多，对于我们（或者更准确地说，对于我们的参考系）来说的 0.0000002 秒寿命对于 μ 子来说有 25 倍之长，这个时间足够 μ 子到达地面了。

"不过要注意！"安东尼奥提前预测到了可能出现的评论，"对于 μ 子自己来说，寿命只能持续 0.000002 秒，在这个时间里它要完成一切，包括取得初中毕业证……"

同学们此时正在接受的是非常困难的知识，但安东尼奥先生细心地用事例讲解每一个现象和概念，再加上同学们的好奇心和安东尼奥先生的热情，教室里产生了一种特殊的学习氛围。现在所有人都接受了这个理念：时间和空间取决于观察者和被观察事件之间的相对运动。

"真是疯狂的事情。"安德烈亚一直重复着。

但其实惊喜还没有结束。安东尼奥又接着讲了下去。

"说到这里，人体也是一种时钟，因为人体也会记录时间的流逝。时间过得越长，时间的印记在我们的身体上也就会越明显。"

"朋友们，这么说，德语课老师估计是一个世纪的时钟了！"

安德烈亚这次的笑话连拉皮埃尔老师和安东尼奥先生也没忍住，大笑了起来。

萨拉将课堂拉回了正轨。她每次觉得自己明白了很困难的东西的时候都会异常激动，现在就是如此："抱歉，安东尼奥，这个时间膨胀的现象是不是能解释'双生子佯谬'？我好像听过好几次了……"

校工毫不掩饰对萨拉所提出的问题的惊讶之情，满意地微笑着对她说：

"谢谢你的帮助，萨拉。你为我提供了一个总结我们故事的绝佳话题。我最后再给你们举一个十分特别的例子，和我们之前分析过的例子都不一样。我们现在来想象一对双生子，其中一个人成为了宇航员。他们 20 岁生日的时候，两人中的宇航员决定开始乘坐一辆能达到超高速度——294 000 千米 / 秒的宇宙飞船进行星际旅行，另一个人则留在地球上等他。五十年之后，宇航员旅行结束回到家中，会看到他的双生子兄弟有 70 岁了。"

　　　　　　　　爱因斯坦的实验

"你们现在已经很清楚，相对论永远不会按照我们想的来。所以其实宇航员回到家中后并没有和双生子兄弟一样有 70 岁高龄，而是只有 36 岁。这就是你们说的'双生子佯谬'。"

"哦我的天呐……"彼得罗边摇脑袋边说，其他人也和他一样。

"不，我不敢相信！这太不符合直觉了！"塞巴斯蒂亚诺自言自语一般地说。

然后加布里埃莱则不得不在这里插一句："真是天才！"

安东尼奥神情严肃地观察着同学们，然后总结说："我没有具体讲细节，但不是因为你们不够聪明，而是因为对于你们来说还有崭新的未来，如果你们愿意的话，你们可以接着探索这些主题……甚至超越它们。"

尽管没人说话，但全班无一例外都被这些话题的魅力所吸引了。

安东尼奥先生又在教室里停留了几分钟，然后与同学们告别，他的本职工作在召唤他了！但刚要出教室，卢克雷齐娅叫住了他。

"抱歉……可是……U.P. 的意思就仅仅是'一块石头'吗？为什么要说'一块石头'？有什么关系呢？我不明白……"

"U.P. 就是 U.P.，没有什么神秘。我们习以为常的事情并不一定都是固定不变、彼此分离的。每个事物都嵌套在另外的事物里。一块石头也不仅仅就是一块石头。"校工神秘地回答道。

第十章　还有很多东西能以光速运动

本学期正在接近尾声。校内空气中已经能嗅到一股夏日的清香，仿佛在阳光间穿梭。光的传播速度非常快，我们已经认识到这一点了。

但德语课还在踯躅前行。词汇巩固与扩充，单词箱里添了新的小箱子，提问、回答、物品、单词。日常生活仍旧照常，或者说几乎照常。不过那天早上，随着贾科莫的一声惊叫，一切都变得不一样了。德语老师又在谈论沙滩上可以找到的那种被海水磨圆的小石头，然后让同学们翻译每一个单词。这时贾科莫突然不受控制地惊叫起来：

"一块石头……德语中是阳性的……所以'一块石头'就是'Ein Stein'，也就是爱因斯坦！"

全班同学的眼睛瞬间一亮，脸上的笑容甚至不用过多解释。安东尼奥在两个月之前和他们告别了，他换到另外一所离家更近的学校工作去了。但直到告别的最后一天，他都一直与同学们打成一片，十分友好。此时他的面容似乎又出现在了同学们的脑海里，脸上挂着他特有的微笑，从拉长的嘴角到弯弯的眼睛。

最后一块拼图也终于归位了，神秘的签名 U.P. 终于有了解释。Ein Stein，以此来致敬历史上最杰出的科学家之一。同学们终于知道这个缩写到底从哪里来的了。他们也十分高兴终于明白了这一点，庆幸自己遇到了这样一位良师益友，史无前例，难以忘怀。这一系列事件中的一部分必定会为一些同学指引出无限美好的未来之路。

又一天的课程结束了。

2A 班的窗户大敞着，夏日的阳光射进班里，拉皮埃尔老师倚着窗台出神地看着学生组成的人流挤满了学校出口附近短短的一道下坡路。说话声与吵闹声混成一片，在拉皮埃尔老师耳中构成了一曲独特的配乐，伴随着"非常的日常"中经历的一幅幅场景。

在人群中，他认出了贾科莫，旁边跟着阿米尔、安德烈亚和加布里埃莱。后面不远处还有塞巴斯蒂亚诺和彼得罗，以及班里其他同学。从他们耸起又上下颤抖的肩膀来看，他们正在欢笑着。

一起欢笑着。

拉皮埃尔老师知道阿米尔会跟着贾科莫一起走。

他们要去贾科莫的秘密实验室度过一个下午，一会儿就该到了……拉皮埃尔的眼睛也没放过落后的安娜，她在假装系鞋带，同时跟安德烈亚交换眼神。

能够高速移动的不只有光。

拉皮埃尔关上了窗户，转身走出了教室。

他迟疑了一下，又回身走了几步，将窗户开到最大。

欢声笑语再一次回荡在了教室里。毕竟今天是星期四。

爱因斯坦的实验

图书在版编目（CIP）数据

爱因斯坦的实验 / （意）里卡多·波希西奥，（意）托马索·科尔提，（意）卢卡·加洛普著；孙阳雨译 . —长沙：湖南科学技术出版社，2023.6
　ISBN 978-7-5710-2115-3

Ⅰ.①爱⋯　Ⅱ.①里⋯　②托⋯　③卢⋯　④孙⋯　Ⅲ.①物理学—青少年读物　Ⅳ.① O4-49

中国国家版本馆 CIP 数据核字（2023）第 053872 号

© Scienza Express edizioni, Trieste
Prima edizione in scienza junior ottobre 2018
Riccardo Bosisio, Tommaso Corti, Luca Galoppo
Elementare, Einstein

Quest'opera è stata tradotta con il contributo del Centro per il libro e la lettura del Ministero della Cultura italiano。

湖南科学技术出版社获得本书中文简体版独家出版发行权。由意大利文化部资助翻译。

著作权合同登记号 18-2022-106

AIYINSITAN DE SHIYAN
爱因斯坦的实验

著者
[意]里卡多·波希西奥 [意]托马索·科尔提
[意]卢卡·加洛普

译者
孙阳雨

科学审校
方弦

出版人
潘晓山

责任编辑
杨波

出版发行
湖南科学技术出版社

社址
长沙市芙蓉中路一段 416 号泊富国际金融中心
http://www.hnstp.com

湖南科学技术出版社

天猫旗舰店网址
http://hnkjcbs.tmall.com

印刷
长沙市宏发印刷有限公司

厂址
长沙市开福区捞刀河大星村343号

版次
2023 年 6 月第 1 版

印次
2023 年 6 月第 1 次印刷

开本
880mm × 1230mm　1/32

印张
4.5

字数
77 千字

书号
ISBN978-7-5710-2115-3

定价
35.00 元

（版权所有·翻印必究）